工业和信息化部“十二五”规划教材

系统工程方法与应用

SYSTEMS ENGINEERING METHODS AND APPLICATIONS

周德群　主　编

章　玲　张力菠　周　鹏　副主编

電子工業出版社

Publishing House of Electronics Industry

北京·BEIJING

内容简介

本教材在内容上既反映出系统工程所具有的综合性的特点，又注意与其他课程的联系与分工，特别是避免与运筹学、预测决策理论等课程不必要的交叉；突出系统工程理论的学科交叉性的特色，强调内容编排层次清晰、结构合理；突出理论的先进性，反映系统工程领域的最新研究成果，强调理论阐述以问题为导向、紧密联系实际；突出理论的实用性，理论来自于实践，反映实践，并为实践服务，强调理论是实践知识的升华。本教材针对的对象主要是管理工程、系统工程和经济学等专业的专业硕士研究生，考虑到这些专业的教学大纲的要求，兼顾专业硕士自身的理论知识和实践知识并重的需要。

图书在版编目（CIP）数据

系统工程方法与应用/周德群主编. —北京：电子工业出版社，2015.4
ISBN 978-7-121-25759-9

I. ①系… II. ①周… III. ①系统工程-高等学校-教材 IV. ①N945

中国版本图书馆 CIP 数据核字（2015）第 060987 号

策划编辑：王赫男
责任编辑：石会敏　　　特约编辑：赵翠芝
印　　刷：北京中新伟业印刷有限公司
装　　订：北京中新伟业印刷有限公司
出版发行：电子工业出版社
　　　　　北京市海淀区万寿路 173 信箱　　邮编：100036
开　　本：787×1092　1/16　印张：11.5　　字数：294 千字　　插页：1
版　　次：2015 年 4 月第 1 版
印　　次：2015 年 4 月第 1 次印刷
定　　价：36.00 元

凡所购买电子工业出版社图书有缺损问题，请向购买书店调换。若书店售缺，请与本社发行部联系，联系及邮购电话：（010）88254888。

质量投诉请发邮件至 zlts@phei.com.cn，盗版侵权举报请发邮件至 dbqq@phei.com.cn。

服务热线：（010）88258888。

作者简介

周德群，1963年8月出生，江苏盐城人，工学博士。现任南京航空航天大学二级教授，经济与管理学院院长，博士生导师。他是江苏省高校哲学社会科学重点研究基地“能源软科学研究中心”的主任，同时也是江苏省高校优秀社科创新团队“能源经济管理与政策”的带头人。

周教授还兼任国际能源经济学会中国委员会秘书长、中国优选法统筹法与经济数学研究会理事兼能源经济与管理分会副理事长、中国管理科学与工程学会常务理事、教育部工业工程类专业教学指导委员会副主任委员、国家哲学社会科学学科评审组专家、江苏省系统科学研究会副会长、江苏省工业工程专业委员会主任委员等职。曾获得过江苏省有突出贡献的中青年专家、江苏省“333高层次人才培养工程”中青年科技领军人才、江苏省“青蓝工程”青年学术带头人、江苏省优秀哲学社会科学工作者等荣誉称号。

周教授长期从事管理科学与工程、系统工程、能源经济与管理等领域的教学与研究工作，是国家哲学社会科学基金重大项目的首席专家，主持并参与过国家自然科学基金项目6项，国家软科学基金项目、教育部人文社会科学基金项目、教育部博士点基金项目等重要课题20余项。曾在*Energy Policy*、*Energy Economics*、*Applied Energy*、《管理科学学报》、《系统工程理论与实践》、《经济学动态》、《中国工业经济》等学术刊物发表过论文250余篇，出版过《中国能源效率研究》、《能源软科学研究进展》、《低碳发展政策：国际经验与中国策略》、《系统工程概论》等多部著作，其研究成果被同行引用过400余次。曾获得过江苏省哲学社会科学优秀成果奖、高等学校科学研究优秀成果奖（人文社会科学）、江苏省科技进步奖、国家统计局科技进步奖、江苏省高等学校优秀教学成果奖等多项奖励。

前言

系统工程学科是一门专注于解决社会活动中的复杂问题，实现系统最优化的高度综合性学科，它经历了半个多世纪的发展历程，成为人类解决社会活动复杂问题的有力工具，并推动人类社会文明的进步和发展。

面对日新月异的科学技术的发展，国家、组织以及企业之间的竞争日渐激烈，社会、经济以及环境的变化，迫切需要以系统的观点和分析方法来合理安排人类的生产和消费活动，以实现社会、经济、环境、人口以及资源的全面协调与可持续发展。随着人类活动的复杂性越来越高，解决复杂系统问题的要求愈来愈强烈，系统工程在复杂系统分析、设计和实施等方面越来越发挥其独特的理论作用，因此，系统工程学科将迈进一个新的发展阶段。

我国的系统工程理论研究和实践应用始于20世纪60年代，积累了一系列丰富的理论研究和实践应用成果。20世纪80年代，钱学森先生等21名专家共同成立了中国系统工程学会，使中国的系统工程研究进入一个新的发展里程碑，团结了广大系统科学和系统工程科技工作者，促进系统工程学科知识的普及与推广，促进系统工程人才的成长与提高，提高中国宏微观管理技术水平，为祖国的经济社会活动提供有效的解决复杂问题的途径。

多年来，系统工程在高校以及广大研究学者间得到广泛地重视，各类学科也相继开展了与系统工程有关的教学课程，因此，一本全面体现系统工程精髓的教材对培养专业学位研究生是非常重要的。本书在搜集国内外最新资料的基础上，克服一般教科书重理论轻实践的问题，对系统工程的内容进行了深入浅出地介绍，通过实例反映系统工程的实践操作过程，做到让广大读者轻松、全面地了解并学习系统工程。

全书共分8章。

第1章简要介绍系统的概念与特性，系统的分类，系统工程的产生与发展，系统工程的定义与特征以及系统工程的研究对象。

第2章简要介绍系统环境分析，明确系统环境的边界，对系统环境的主要内容进行分类以及总结系统环境的分析方法。

第3章简要介绍系统的结构与功能，系统结构与功能之间的关系，系统功能的分类以及系统功能分析方法。

第4章介绍了系统分析的内容、程序与原则，问题与潜在问题分析技术以及目标的系统分析。

第5章介绍了系统建模的理论与方法，模型是系统工程解决问题的重要工具，这一章的主要内容包括建模在系统分析中的作用，系统建模的一般原理与分类以及常用的几类经济数学模型。

第6章介绍了系统仿真，包括系统仿真概述、系统仿真的建模过程、离散事件与连续系统仿真以及系统动力学。

第7章介绍了系统结构建模与仿真，对系统的结构与结构表述进行了描述，以及介绍两种常见的系统结构建模方法:决策试验与评价实验室和解释性结构模型化方法。

第8章是系统评价与决策，介绍了系统评价与决策的原理，系统评价指标体系的构建，指标的赋权方法，决策分析。

本书的第1章、第2章和第3章由周德群和王群伟执笔，第4章由葛世龙执笔，第6章由张力菠执笔，第5章、第7章和第8章由周德群和章玲执笔。

本书可作为高等院校经济类、管理类、工程类各专业的专业学位硕士教材和部分专业的本科教材，也可供各类管理人员及相关人员参考。

由于作者水平有限，本书难免存在不足之处，敬请专家、学者及读者不吝指正。

目 录

第 1 章　系统的一般理论 …………………… 1

导入案例：耳熟能详的词汇/2

1.1　系统的概念与特性/3

1.1.1　系统的概念/3

1.1.2　系统的特性/4

1.2　系统的分类/7

1.2.1　按自然属性分类/7

1.2.2　按物质属性分类/7

1.2.3　按运动属性分类/8

1.2.4　按系统与环境的关系分类/8

1.2.5　按系统的复杂性分类/8

1.3　系统工程概述/9

1.3.1　系统工程的产生与发展/9

1.3.2　系统工程的定义与特征/11

1.3.3　系统工程的研究对象/12

案例分析　“问责”中的系统思维/14

第 2 章　系统环境分析 …………………… 15

导入案例：为什么神舟飞船总是选择在酒泉发射/16

2.1　系统环境与边界/18

2.1.1　系统环境的概念/18

2.1.2　系统环境的边界/19

2.2　系统环境的主要内容/20

2.2.1　物理技术环境/20

2.2.2　社会人文环境/21

2.2.3　经济管理环境/21

2.3　系统环境的分析方法/22

2.3.1　PEST 分析法/22

2.3.2　SWOT 分析法/23

案例分析：中小型高科技企业成长的创新系统环境/24

第 3 章　系统功能分析 …………………… 27

导入案例：神奇的中医诊断方式/28

3.1　系统的结构与功能/29

3.1.1　系统结构/29

3.1.2　系统功能/29

3.1.3　系统结构与功能之间的关系/30

3.2　系统功能分类/30

3.2.1　按系统动作形式分类/30

3.2.2　按重要程度分类/31

3.2.3　按作用对象分类/31

3.3　系统功能分析方法/32

3.3.1　功能模拟方法/32

3.3.2　黑箱分析方法/33

案例分析　黑箱理论在商务谈判场合的使用/33

第 4 章　系统分析方法 …………………… 35

导入案例：2007 年太湖蓝藻污染事件及治理/36

4.1　系统分析概述/38

4.1.1　系统分析的由来/38

4.1.2　系统分析的定义/39

4.1.3　系统分析的特点/39

4.1.4 系统分析的本质/40
4.2 系统分析的内容、程序与原则/41
4.2.1 对系统分析的基本认识/41
4.2.2 系统分析的目的/41
4.2.3 系统分析的内容/42
4.2.4 系统分析的要素/42
4.2.5 系统分析的程序/44
4.2.6 系统分析的原则/45
4.2.7 应用案例/46
4.3 问题分析技术/48
4.3.1 问题分析概述/48
4.3.2 问题分析技术的结构/49
4.3.3 应用案例/51
4.4 潜在问题分析技术/52
4.4.1 潜在问题分析的含义/52
4.4.2 潜在问题分析的要素/52
4.4.3 潜在问题分析的价值思考/53
4.4.4 应用案例/53
4.5 目标的系统分析/57
4.5.1 目标的位置/57
4.5.2 目标导向的问题类型/57
4.5.3 目标的基本要求/58
4.5.4 目标的层次特点/58
4.5.5 多目标之间的关系/58
案例分析：取缔城区营运机动三轮车/59
第5章 系统建模理论与方法 ………… 61
导入案例：制造业的计算机应用系统孤岛/62
5.1 建模在系统分析中的作用/63
5.1.1 模型的定义/63
5.1.2 建模在系统分析中的作用/64
5.2 系统建模的一般原理/64
5.2.1 系统建模的基本理论/64
5.2.2 系统建模的原则/64
5.2.3 系统建模的基本步骤/65
5.3 系统模型的分类/66
5.3.1 形象模型/66
5.3.2 抽象模型/67
5.3.3 几种基本的建模工具/68
5.4 常用的几类经济数学模型/69
5.4.1 资源分配型/69
5.4.2 存贮型/70
5.4.3 输送型/70
5.4.4 等待服务型/70
5.4.5 指派型/70
5.4.6 决策型/70
5.4.7 其他类型/70
案例分析：企业信息系统的有效集成/71
第6章 系统仿真 ……………………… 73
导入案例：怎样避免爱多公司的悲剧/74
6.1 系统仿真概论/75
6.1.1 仿真与系统仿真/75
6.1.2 系统仿真的实质/75
6.1.3 系统仿真的分类/76
6.1.4 系统仿真的优点与不足/76
6.2 系统仿真的建模过程/77
6.2.1 系统仿真的模型结构/77
6.2.2 系统仿真过程/78
6.3 离散事件系统仿真/79
6.3.1 随机数与随机变量/79
6.3.2 离散系统的仿真策略/82
6.3.3 排队系统仿真/83
6.3.4 库存系统仿真/88
6.4 连续系统仿真/94
6.4.1 差分方程/95
6.4.2 欧拉法(Euler 法)/95

6.4.3 梯形法/95
6.4.4 四阶龙格-库塔法/96
6.5 系统动力学/96
6.5.1 概述/96
6.5.2 系统动力学的基本步骤/99
6.5.3 系统动力学建模的方法/101
6.5.4 系统动力学仿真平台及其应用/109
案例分析：如何走出销售增长停滞困境/121
第7章 系统结构建模与仿真 …………123
导入案例：国防科技工业企业创新能力影响因素分析/124
7.1 系统结构/125
7.1.1 系统结构的概念/125
7.1.2 系统结构的基本特点/125
7.1.3 整体与结构的关系/126
7.2 系统的结构表述/127
7.2.1 系统要素的选取及其关系的确定/127
7.2.2 系统结构的构成/128
7.2.3 系统结构的图形表示/129
7.2.4 系统结构的矩阵表示/129
7.3 系统结构建模方法/132
7.3.1 DEMATEL 方法/132
7.3.2 ISM 方法/136
案例分析：基于 DEMATEL 的省文明城市测评指标分析/142
第8章 系统评价与决策 …………147
导入案例：企业创新投入成效的提高/148
8.1 系统评价与决策原理/149
8.1.1 系统评价的概念/149
8.1.2 系统评价的分类/149
8.1.3 系统评价的重要性和复杂性/150
8.1.4 系统评价的原则/151
8.1.5 系统评价的程序/152
8.2 系统评价指标体系的构建/153
8.2.1 评价指标体系的确定/153
8.2.2 构建评价指标体系遵循的原则/153
8.2.3 建立系统评价指标体系的方法/154
8.3 指标的权重/155
8.3.1 主观赋权方法/155
8.3.2 客观赋权方法/159
8.4 决策分析/159
8.4.1 决策的定义和要素/159
8.4.2 决策的原则和分类/160
8.4.3 决策的一般步骤/161
8.4.4 决策模型和方法/161
8.5 案例分析/162
8.5.1 企业创新投入成效概述/163
8.5.2 企业创新投入成效的测评指标体系/164
8.5.3 高科技企业创新投入成效测评/166
参考文献 …………172

第1章　系统的一般理论

本章提要

本章主要介绍系统的基本概念、系统分类以及系统工程的发展历史。通过本章的学习，掌握本学科的基本概念。

导入案例

耳熟能详的词汇

建立和完善社会主义市场经济体制，是一个长期发展的过程，是一项艰巨复杂的社会系统工程。(1992.10 中共十四大报告)

从社会系统的整体性和层次性出发，和谐社会的建设是一个系统工程。它一方面是广义的和谐社会的建设，着眼于社会大系统的整体性，要在经济、政治、文化和社会建设等方面统筹考虑，为此，要正确处理社会主义物质文明、政治文明、精神文明与和谐社会建设的关系。另一方面是狭义的和谐社会建设，即社会子系统的良性运行。(2005.4.13 光明日报)

培养造就创新型科技人才是一个系统工程，需要各级党委和政府、有关部门、高等院校、科研院所以及全社会的共同努力。(2006.9.20 人民日报)

建设新农村是一个系统工程。要坚持“以人为本”的科学发展观，坚持一切从实际出发，因地制宜，稳步推进，切忌“一口吃个胖子”；同时，也不要“生搬硬套”和“照搬照套”；更要极力反对搞“盲目攀比”和“一阵风”的“短期行为”。(2006.1.8 新浪网)

灾后重建是一项系统工程，不仅要考虑近期的需要，还要有长远的发展；不仅需要相关部门参与，更需要动员民众、群策群力。只有这样，通过科学长远的规划和脚踏实地的建设，灾区重建才能得到均衡全面的发展。(2008.6.3 人民日报)

两会上，不少代表委员在讨论中认为，食品安全是系统工程，需要系统治理。根据提交审议的国务院机构改革和职能转变方案，新组建国家食品药品监督管理总局，对生产、流通、消费环节的食品安全实施统一监管。职能由分散到集中，有利于实现全程无缝监管，为餐桌安全保驾护航。(2013.2.12 人民日报)

对于反腐败治标时间表，王岐山还现场回应：打虎打苍蝇的同时，反腐败治标已经启动，这是一项系统工程。(2014.8.27 南方都市报)

1.1 系统的概念与特性

1.1.1 系统的概念

“系统”是整个系统科学中最基本的概念。系统一词最早出现于古希腊语中，“synhistanai”一词原意是指事物中共性部分和每一事物应占据的位置，也就是部分组成整体的意思。近代一些科学家和哲学家常用“系统”一词来表示复杂的具有一定结构的研究对象，如天体系统、人体系统等。从中文字面上看，“系”指关系、联系；“统”指有机统一，“系统”则指有机联系和统一。美籍奥地利生物学家贝塔朗菲(Ludwing Von Bertalanffy)于1937年第一次将系统作为一个重要的科学概念予以研究，他认为“系统的定义可以确定为处于一定相互关系中并与环境发生关系的各组成部分的总体”。

系统的定义依照学科的不同、待解决问题的不同以及使用方法的不同而有所区别。国外关于系统的定义已达40余种，主要有以下几种定义。

R. 吉布松定义系统是，“互相作用的诸元素的整体化总和，其使命在于以协作方式来完成预定的功能”。

B. H. 萨多夫斯基认为，“互相联系着并形成某种整体性统一体的诸元素按一定方式有秩序地排列在一起的集合”。

N. B. 布拉乌别尔格和B. H. 萨多夫斯基、尤金指出，“从系统的整体性出发，可以从性质方面通过下列特征给系统概念下定义：(1)系统是由相互联系的诸元素组成的整体性复合体；(2)它与环境组成特殊的统一体；(3)任何被研究的系统通常都是更高一级系统的元素；(4)任何被研究的系统的元素通常又都作为更低一级系统”。

《韦氏大辞典》里解释系统为，“有组织的或被组织化的整体，结合构成整体所形成的各种概念和原理的综合，以有规则的相互作用和相互依存的形式结合起来的诸要素的集合，等等”。

日本JIS工业标准定义系统为，“许多组成要素保持有机的秩序，向同一目标行动的事物”。

我国的学者也对系统的概念提出了许多自己的看法。

一位学者这样认为，“系统是有生命的或无生命的本质或事物的集中，这个集中接收某种输入，并按照这输入来活动以生成某种输出，同时力求使一定的输入和输出功能最大化”。

学者常绍舜认为，“所谓系统就是指由一定部分(要素)组成的具有一定层次和结构并与环境发生关系的整体”。

综上所述，系统概念同任何其他认识范畴一样，描述的是一种理想的客体，而这一客体在形式上表现为诸要素的集合。

我国系统科学界对系统一词较通用的定义是，系统是由相互作用和相互依赖的若干组成部分(要素)结合而成的、具有特定功能的有机整体。依据此定义可以看出，系统必须具备以下三个条件。

第一，系统必须由两个或两个以上的要素(或部分、元素、子系统)所组成，要素是构成系统的最基本单位，因而也是系统存在的基础和实际载体，系统离开了要素就不称其为系统。

第二，要素与要素之间存在着一定的有机联系，从而在系统的内部和外部形成一定的结构或秩序，任何一个系统又是它所从属的一个更大系统的组成部分(要素)，因此，系统整体与要素、要素与要素、整体与环境之间，存在着相互作用和相互联系的机制。

第三，任何系统都有特定的功能，这是整体具有不同于各个组成要素的新功能，这种新功能是由系统内部的有机联系和结构所决定的。

1.1.2 系统的特性

1. 系统的整体性

系统作为若干要素的集合体，其本质特性就是具有整体性。所谓整体性包括两方面的含义。一方面是指系统内部的不可分割性。如果把系统的各个组成部分分割开来，系统就无法存在。例如，一架飞机作为一个系统，在于它是一个由各个部件紧密联系而成的整体，若把各零部件拆开，则这架飞机也就不存在了。作为一个社会组织系统也是如此，它的整体性在于各组织成员之间的密切联系、相互配合，如果各成员独自行事，互不联系，则其作为社会组织系统也就只能是形存实亡。另一方面是指系统内部的关联性。系统内部任何一个要素的改变都会引起其他要素的变化。如人体某一器官的病变也可能会引起其他器官的损害。

整体性在系统中的地位是至关重要的。首先，整体是系统的核心。任何系统都是在整体的基础上形成的，无整体则无系统，抛弃了整体性也就抛弃了系统性。其次，整体性变化会导致系统性能的改变。由于整体性是系统的核心属性，因而整体性一旦改变则必然引起整个系统性能的变化。

系统的整体性原则对于实际管理工作有着重要的指导意义，其主要作用表现在以下几个方面。首先，依据确定的管理目标，从管理的整体出发把管理要素组成一个有机的系统，协调并统一管理诸要素的功能，使系统功能产生放大效应，发挥出管理系统的整体优化功能。其次，把不断提高管理要素的功能作为改善管理系统整体功能的基础，从提高组成要素的基本素质入手，按照系统整体目标的要求，不断提高各个部门特别是关键部门或薄弱部门的功能素质，并强调局部服从整体，从而实现管理系统的最佳整体功能。最后，改善和提高管理系统的整体功能，不仅要注重发挥各个组成要素的功能，更重要的是要调整要素的组织形式，建立合理结构，促使管理系统整体功能优化。

2. 系统的相关性

整体性确定系统的组成要素，相关性则说明这些组成要素之间的关系。系统中任一要素与该系统中的其他要素是互相关联又是互相制约的，如果某一要素发生了变化，则对应的与之相关联的要素也要相应地改变和调整，以保持系统整体的最佳状态。

贝塔朗菲用一组联立微分方程描述了系统的相关性：

$$\frac{\mathrm{d}Q_1}{\mathrm{d}t}=f_1(Q_1, Q_2, Q_3, \cdots, Q_n)$$

$$\frac{dQ_2}{dt} = f_2(Q_1, Q_2, Q_3, \cdots, Q_n)$$

$$\cdots$$

$$\frac{dQ_n}{dt} = f_n(Q_1, Q_2, Q_3, \cdots, Q_n)$$

式中：$Q_1, Q_2, \cdots, Q_n$——分别为 n 个要素的特征；

t——时间；

$f_1, f_2, \cdots, f_n$——表示相应的函数关系。

公式表明，系统任一要素随时间的变化是系统所有要素的函数，即任一要素的变化会引起其他要素的变化从而引起整个系统的变化。

系统的相关性原则对于实际管理工作的指导意义在于以下几个方面。

(1)当我们要想改变组织系统中某些不合要求的要素时，必须注意考察与之相关的要素的影响程度，抓住其中的主要的相关因素，使这些相关要素发生相应的变化，从而提高组织的整体功能。

(2)组织系统内部诸要素之间的相关性不是静态的，而是动态的，必须把组织系统视为动态系统，在动态中认识和把握系统的整体性，在动态中协调要素与要素、要素与整体的关系，在把握管理要素运动变化的同时，有效地进行组织调节和控制，以实现最佳效益。

(3)组织系统的组成要素包括系统层次间的纵向相关和各组成要素的横向相关，只有协调好各要素之间的纵向相关和横向相关，才能实现组织的整体功能最优。

3. 系统的综合性

所谓综合性就是指任何系统都不是由单一要素、单一层次、单一结构、单一环境因素、单一功能构成的总体，而是由不同质的要素、层次、结构、环境和功能因素构成的总体。因此，系统的综合性主要表现为五种情况，即不同要素的综合、不同层次的综合、不同结构的综合、环境因素的综合和不同功能的综合。

系统虽然都有综合性，然而其综合程度并不一样，有些系统综合程度较高，有些系统则综合程度较低。

实践表明，系统综合性程度不同，系统功能也会有别。一般而言，系统综合性越强，系统生命力就越强，系统功能就越高。例如，在自然界中，杂食动物比单食动物的生命力要强些，其适应环境的能力也更高些。杂交作物也比一般纯种作物的生长要旺盛些，抗病虫害能力要强些。在人类社会中也是这样，例如，多兵种联合作战比单兵种作战取胜的可能性更大些，评价一个国家的实力也往往通过综合国力评价。

4. 系统的层次性

所谓层次通常是指构成系统的要素之间按照整体与部分的构成关系而形成的不同质态的分系统及其排列次序。一个复杂的系统通常包含许多层次，上下层次之间具有包含与被包含，或者是控制与被控制的关系。一个系统可以分解为若干个子系统，子系统又可再分为更小的子系统直至要素，而每一个系统又往往隶属于一个更大的系统。

图 1-1 显示了企业管理系统的划分。从纵向看，它可以划分为战略计划层(高层)、经营管理层(中层)和作业层(基层)，每一个层次也可以作为一个子系统来研究，而大企业的中层又可以分为若干层次，从而构成一座金字塔。从横向看，可以划分为若干职能部门，如生产、销售、财务和人事等，每一个职能部门也可以作为一个子系统来研究。

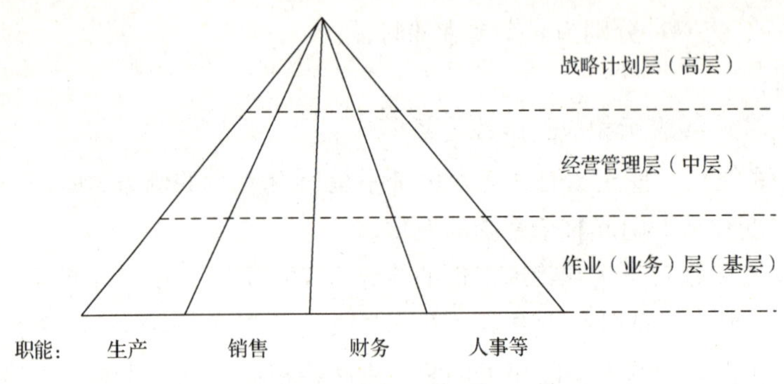

图 1-1　企业管理系统的层次

5. 系统的目的性

“目的”是指人们在行动中所要达到或实现的结果和意愿。人造系统是具有目的性的，系统的目的性是人们根据实践的需要而确定的，而且通常系统的目的性不是单一的，一般的系统都具有多个目的。例如，企业的经营管理系统，在限定的资源和现有职能机构的配合下，它的目的就是为了完成或超额完成生产经营计划，实现规定的质量、品种、成本、利润等指标，是这些多方面指标的综合。

复杂系统通常是具有多目标和多方案的，当组织规划这个错综复杂的大系统时，为了使目标明确化、条理化，常采用图解方式来描述目的与目的之间的相互关系，这种图解方式称为目的树，如图 1-2 所示。

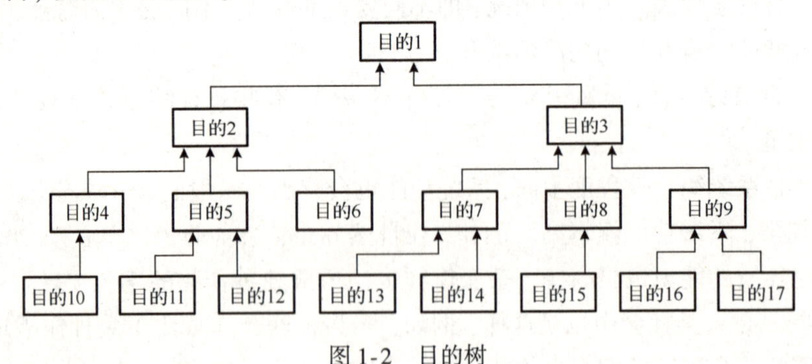

图 1-2　目的树

从图 1-2 中可以看出，要达到目的 1，必须完成目的 2 和目的 3；要达到目的 2，必须完成目的 4、目的 5 和目的 6；以此类推，结果形成了一个增幅放大的属性结构。从图中可明显地看出在一个复杂系统内所包括的各项目的，即从目的 1 到目的 17，层次鲜明，次序明确，相互影响，而又相互制约。通过图解可对目的树各个项目的目的进行分析、探讨和磋商，统一规划和协调。系统的目的性要求人们正确地确定系统的目标，从而运用各种调节手段把系统导向预定的目标，达到系统整体最优的目的。

6. 系统的环境适应性

任何系统都存在于一定的环境中，在系统与环境之间具有物质的、能量的和信息的交换。环境的变化必定对系统及其要素产生影响，从而引起系统及其要素的变化。系统要获得生存与发展，必须适应外界环境的变化，这就是系统对于环境的适应性。系统必须适应环境，如同要素必须适应系统一样。这就要求我们研究系统时必须放宽研究，不但要看到系统本身，还要看到系统的环境。

总之，系统这个概念的含义十分丰富。它与要素相对应，意味着总体与全局；它与孤立相对应，意味着各种关系与联系；它与混乱相对应，意味着秩序与规律；它与环境相对应，意味着“适者生存”。研究系统，意味着从系统与环境的关系上，从事物的总体与全局上，从要素的联系与结合上，去研究事物的运动与发展，找出其固有的规律，建立正常的秩序，在客观条件的许可下，实现整个系统的优化。

1.2 系统的分类

1.2.1 按自然属性分类

系统按照自然属性分类可分为自然系统和社会系统，社会系统也称为人造系统。自然系统是自然形成的，其构成要素是自然物和自然现象，如太阳系、海洋、原始森林等。与自然系统不同，社会系统的构成要素是在人的参与下形成的，具有人为的目的性和组织性。社会系统按照其研究对象分类又可分为经济系统、教育系统、交通系统等。其中，经济系统又可进一步细分为工业系统、农业系统、服务业系统等。由于经济活动是人类最基本的社会活动，社会系统也常被称为社会经济系统。

自然系统和社会系统并不是完全孤立的，系统工程研究的系统往往是两者相结合的复合系统。自然系统和社会系统通常是相互依存、相互制约的关系。一方面，自然系统及其规律是社会系统的基础，影响和制约着社会系统；另一方面，社会系统常常导致自然系统的破坏，造成各种公害，如环境污染、温室效应、生物多样性破坏等。在系统工程的研究中，需要特别把握好自然系统和社会系统之间的关系。

1.2.2 按物质属性分类

系统按照物质属性可分为实体系统和概念系统。实体系统是由各类物质实体组成的系统，如建筑物、计算机，该系统包含的物质实体可以是自然物，也可以是人造物。概念系统是由人的思维创造的，它由非物质的观念性东西(如原理、概念、方法、程序等)所构成，如法律系统、知识系统等，该系统一定是人造系统。人们有时也将实体系统称为硬系统，而将概念系统称为软系统，例如，将一台自动机床的各个实际组成部分称为硬系统，而将计算机控制程序称为软系统。

1.2.3 按运动属性分类

系统按照运动属性可分为静态系统和动态系统。静态系统是指其状态参数不随时间显著改变的系统，没有输入与输出，如静止不动的机器设备。如果系统内部的结构参数随时间而改变，具有输入、输出及其转化过程，则该系统称为动态系统，如正在行驶的汽车。

系统的静态和动态划分是相对的。绝对的静态系统是难以找到的，但如果在所考察的时间范围内，系统受时间变化的影响很小，为研究问题的方便，可忽略系统内部结构与状态参数的改变，视其为静态系统。

1.2.4 按系统与环境的关系分类

按照系统与环境的关系，可将系统分为开放系统和封闭系统。当系统与外界环境之间存在着物质、能量、信息流动与交换时，则称其为开放系统，可用图 1-3 表示。如果系统与外界环境之间无明显的交互作用，则称系统为封闭系统。严格的封闭系统是难以找到的，但当上述的交互作用很弱，以至于可以忽略时，则可以视系统为封闭系统。简单而言，开放系统是动态的、“活的”系统，封闭系统是僵化的、“死的”系统。系统由封闭走向开放，可以增强活力，焕发青春。

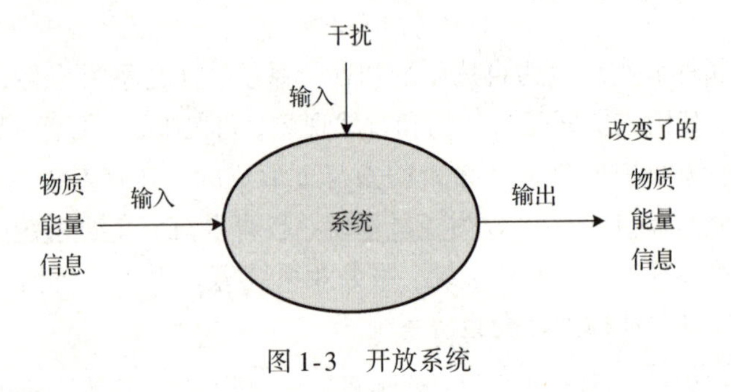

图 1-3　开放系统

1.2.5 按系统的复杂性分类

我国著名科学家钱学森院士提出，按照系统结构的复杂程度可以将系统划分为简单系统和复杂系统。复杂系统可分为大系统和巨系统。其中，根据系统规模、开放性和复杂性，巨系统又可分为一般复杂巨系统和特殊复杂巨系统。钱学森提出的系统分类大致可用图 1-4表示。系统工程研究的重点是大系统和巨系统，尤其是开放的复杂巨系统。

- 系统
  - 简单系统
    - 小系统
    - 大系统
    - 巨系统
  - 复杂系统
    - 大系统
    - 巨系统
      - 一般复杂巨系统
      - 特殊复杂巨系统（社会系统）

图 1-4　钱学森提出的系统分类

1.3 系统工程概述

1.3.1 系统工程的产生与发展

任何一门新兴学科的发展都离不开社会的需求，系统工程也一样，它的产生与发展离不开经济发展、社会进步甚至现代战争的需求。从另一方面来看，现代科学技术的高度发展，新发现和发明的大量涌现，使人们有可能对自然界和人类社会中的许多错综复杂、相互交织的事物及其内在联系加以认识，这种认识的不断升华便形成现代意义上的系统思想。

尽管"系统"的思想古已有之，且在19世纪初就已在个别文献中被赋予类似于今天所理解的含义，但现代意义上的系统工程是20世纪60年代初才形成的新兴学科。

从科学的角度来看，具有现代含义的系统概念最早引入者是被称为"管理之父"的美国人泰勒(Frederick W. Taylor)。他在1911年发表的《科学管理原理》一书中提出了现代的系统的概念，即工业管理系统。他从合理安排工序、写照和分析工人的动作，提高工作效率入手，研究管理活动的行为与时间的关系，探索管理科学的基本规律。

第二次世界大战时，丹麦哥本哈根电话公司的爱尔朗和美国贝尔电话公司的莫利纳在电话自动交换机的开发中都使用了系统思考方法，并运用了排队论原理。20世纪40年代初，美国RCA公司在彩色电视的开发中已用到系统探索法。

第二次世界大战期间为了研究武器的有效运用而产生了运筹学(Operational Research)，并开始应用于大规模系统分析中。英国首先将运筹学应用于制订作战计划中。例如，护航舰队的编制、防空雷达的配置和应用、提高反潜艇的作战效果以及民防等问题时，广泛地采用了数理规划、排队论、博弈论等方法。运筹学的相关理论与方法在第二次世界大战后被迅速推广到一般经营管理领域，使管理科学与最优化技术发生联系，并在实际应用中得到快速发展并日臻完善。1945年，美国军事部门设立了兰德公司(RAND)。作为政府和军方重要的智囊机构，兰德公司先后开发了许多先进实用的系统分析方法，用来分析大规模的复杂系统，解决了许多实际问题。运筹学与系统分析方法奠定了系统工程的重要基础。

1957年，美国密执安大学古德和马乔尔两位教授出版了第一本被正式命名为《系统工程》的著作。以后，人们把这类综合技术体系称为系统工程，并作为专门术语沿用下来。

1958年，美国在北极星导弹的研究中，首先采用了计划评审技术(PERT)，有效地解决了计划管理中进度安排与资源综合配置的问题。

由于受到计算工具和方法论的限制，系统工程这门新兴学科在很长一段时间内没有受到人们的普遍重视，计算机的出现(1946年)和普及(20世纪60年代末)，现代控制理论的发展，为系统工程提供了强有力的运算工具和信息处理手段。同时，它们促进了运筹学和大系统理论的发展及广泛应用，成为实施系统工程的重要物质基础。

在系统工程领域，被称为杰出应用典范的是一项航天计划——阿波罗登月计划，这是用系统工程处理复杂大系统的一个最早成功的例子。该计划历时11年(1961~1972年),参加的工程技术人员有42万人,参与的企业有2万多家,大学和研究机构有120所,涉及1000万个零部件,使用电子计算机600多台,耗费300多亿美元,涉及包括火箭工程、控制工程、通信工程、电子工程、医学、心理学等多种学科。

20世纪70年代前后,是系统科学迅猛发展的重要时期,系统工程的理论与方法日趋成熟,其应用领域也不断扩大。其重大进展主要表现在以下三个方面:一是以自然科学和数学的最新成果为依托,出现了一系列基础科学层次的系统理论,为系统工程提供了知识准备;二是围绕解决环境、能源、人口、粮食、社会等世界性危机开展了一系列重大交叉课题研究,使系统研究与人类社会各方面紧密联系起来;三是在贝塔朗菲、哈肯、钱学森等一批学者的努力下,系统科学体系的建立有了重大进展,系统科学开始从分立状态向整合方向发展。

20世纪70年代以后,随着行为科学、思维科学渗入到系统工程,使政策科学得到了发展,系统工程的理论与方法成为政策研究的有效工具。1984年,国外一些思想比较活跃的科学家,他们在三位诺贝尔奖得主(物理学家盖尔曼、安德逊,经济学家阿诺)等人的支持下,和一批从事物理、经济、理论生物、人类学、心理学、计算机等学者,来到美国有影响的桑塔费研究所(Santa Fe Institute, SFI)进行复杂性研究,试图由此通过学科交叉和学科间的融合来寻求解决复杂性问题的途径。

20世纪90年代以后,非线性系统理论的迅速发展,针对复杂系统的研究无论从理论还是实践上都取得了长足进展。

系统工程的发展,各个国家道路各异。美国是从运筹学的基础上发展起来的,日本则是从美国引进系统工程理论通过质量管理发展起来的,而原苏联则是在控制论的基础上发展起来的。尽管发展道路不同,但他们的目标一致,即应用各种先进的科学管理方法和技术,谋求系统总体的最优化。

现代系统工程在中国的发展历程大体上可分为以下三个阶段。

第一阶段始于20世纪50年代中期,以运筹学的研究与应用为主。当时刚由美国回来的钱学森、许国志等学者大力提倡运筹学,著名数学家华罗庚致力于发展优选法与统筹法,都取得了较好的效果。20世纪60年代随着我国导弹和航天事业的发展,以计划协调、组织管理为特色的系统工程技术得到迅速发展。到20世纪70年代中期,我国在运筹学的各个主要学术分支上都已建立了一定的基础。

第二阶段起始于1978年,钱学森、许国志及王寿云联名在《文汇报》上发表了题为"组织管理的技术——系统工程"一文,在全国掀起了学习研究并推广应用系统工程的热潮。在最优化方法、图论、排队论、对策论、可靠性分析等一批系统工程方法得到普及应用并取得显著效果的同时,投入产出分析、工程经济、预测技术、价值工程等许多方法和技术也得到普及和发展。1980年中国系统工程学会正式成立。20世纪70年代末80年代初,中国学者在系统科学领域创立了一批分支学科,其中邓聚龙教授创立的灰色系统理论、吴学谋提出的泛系理论和蔡文创立的物元分析,在国内外系统学界都产生了一定影响。

第三阶段起始于1986年,随着全国软科学研究工作座谈会的召开,系统工程的研究和应用进一步扩大至科技、经济及社会等领域。钱学森在那次座谈会上指出，软科学是新兴的科学技术，实际上是系统科学的应用。近年来，为了适应决策科学化的需求，一批软科学研究机构应运而生，在经济及科技体制改革，宏观经济管理，人口、环境、能源、工业、农业、交通运输、金融等方面都取得了一些较好的成果。

此外，在复杂系统的研究方面，以钱学森为代表的一批科学家从 1986 年开始致力于开放复杂巨系统方法论的研究，并于 1989 年创造性地提出针对开放复杂巨系统的"从定性到定量的综合集成方法"(Metasynthesis)，又称综合集成技术、综合集成工程。从定性到定量的综合集成方法的实质是这样的，由专家体系、统计数据和信息资料、计算机技术三者有机结合，构成一个以人为主的高度智能化的人机结合系统，通过人机结合方式和人机优势互补，实现综合集成各种知识，从定性到定量的功能。针对现实中大量存在的非结构、病态结构问题，顾基发等人提出了解决这类问题的物理—事理—人理(WSR)系统方法论，WSR 方法论的基本核心是在处理复杂问题时既要考虑对象的物的方面(物理，Wuli)，又要考虑如何将这些物处理得更好的事的方面(事理，Shili)，同时还要考虑实施决策、管理和具体处理有关问题人的因素(人理，Renli)，达到懂物理、明事理、通人理。我国系统工程工作者的研究成果在国际系统学界得到了高度评价。

经过 20 多年的评价、研究与应用，系统工程的思想和方法已在相当程度上融入我国自然科学、社会科学、工程技术、经营管理以及其他领域的广大工作者的知识结构中。从社会大众到政府领导人，从学术刊物到文学作品，都在使用系统、信息、系统工程、系统思想、自组织之类的术语。尽管还存在不同看法，但系统科学与系统工程的作用已为愈来愈多的人所认同。系统工程的应用领域不断扩大，从组织管理领域、技术工程领域向社会经济领域、自然和社会结合的领域扩展渗透，系统的发展从硬工程系统到软工程系统，从微观分析到宏观战略，从简单系统到大系统、巨系统直到开放复杂巨系统。同时，我国学者在系统建模、分析、算法、优化、决策、评价、复杂性、智能化等理论方法上也已有不少建树和应用。

1.3.2　系统工程的定义与特征

系统工程是一门正处于发展阶段的新兴学科，应用领域十分广泛。由于它与其他学科的相互渗透、相互影响，因此不同专业领域的学者对他的理解不尽相同，要给出一个统一的定义是比较困难的。国内外学术和工程界对系统工程的不同定义可以为我们认识这门学科提供参考。

1967 年美国著名学者 H. 切斯纳(H. Chestnut)在其所著的《系统工程学的方法》指出："系统工程学是为了研究由多数子系统构成的整体系统所具有的多种不同目标的相互协调，以期系统功能的最优化，最大限度地发挥系统组成部分的能力而发展起来的一门科学。"

1976 年美国科学技术辞典的定义是："系统工程是研究彼此密切联系的许多要素所构成的复杂系统的设计的科学。在设计这种复杂系统时，应有明确的预定功能及目标，而在组成它的各要素之间及各要素与系统整体之间又必须能够有机地联系，配合协调，致使系统总体达到最优目标。在设计时还要考虑到参与系统中人的因素和作用。"

1971 年东京工业大学寺野寿郎教授在其所著的《系统工程学》一书中定义为："系统工程学是为了合理地开发、设计和运用系统而采用的思想、程序、组织和手法等的总称。"

日本工业标准(JIS)规定："系统工程是为了更好地达到系统目标，而对系统的构成要素、组织结构、信息流动和控制机构进行分析和设计的技术。"

1979 年我国著名学者钱学森等在《组织管理的技术——系统工程》一文中指出："把极其复杂的研制对象称为系统。即由相互作用和相互依赖的若干组成部分结合成具有特定功能的有机整体，而且这个系统本身又是它所从属的一个更大系统的组成部分。系统工程学则是组织管理这种系统的规划、研究、设计、制造、试验和使用的科学方法，是一种对所有系统都具有普遍意义的科学方法。"

《中国大百科全书·自动控制与系统工程卷》定义："系统工程是从整体出发合理开发、设计、实施和运用系统的工程技术。它是系统科学中直接改造世界的工程技术。"

还有学者认为，系统工程是研究具有系统意义的问题。在现实生活和理论探讨中，凡着眼于处理部分与整体、差异与统一、结构与功能、自我与环境、有序与无序、行为与目的、阶段与全过程等相互关系的问题，都是具有系统意义的问题。

我国著名管理学家汪应洛院士在其所著《系统工程理论、方法与应用》中指出："系统工程是以研究大规模复杂系统为对象的一门交叉学科。它是把自然科学和社会科学的某些思想、理论、方法、策略和手段等根据总体协调的需要，有机地联系起来，把人们的生产、科研或经济活动有效地组织起来，应用定量分析和定性分析相结合的方法和计算机等技术工具，对系统的构成要素、组织结构、信息交换和反馈控制等功能进行分析、设计、制造和服务，从而达到最优设计、最优控制和最优管理的目的，以便最充分地发挥人力、物力的潜力，通过各种组织管理技术，使局部和整体之间的关系协调配合，以实现系统的综合最优化。"

综上所述，系统工程具有以下一些特征：

(1) 系统工程的研究对象是具有普遍意义的系统，特别是大系统；

(2) 系统工程是一种方法论，是一种组织管理技术；

(3) 系统工程是涉及许多学科的边缘科学与交叉学科；

(4) 系统工程是研究系统所需的一系列思想、理论、程序、技术、方法的总称；

(5) 系统工程在很大程度上依赖于电子计算机；

(6) 系统工程强调定量分析与定性分析的有机结合；

(7) 系统工程是研究具有系统意义的问题；

(8) 系统工程着重研究系统的构成要素、组织结构、信息交换与反馈机制；

(9) 系统工程所追求的是系统的总体最优以及实现目标的具体方法和途径的最优。

1.3.3 系统工程的研究对象

按照钱学森先生的学科体系结构思想，系统工程是从属于系统科学中的具体工程技术，系统科学是以系统为研究对象，所以系统工程的研究对象也必是系统，并且是组织化的复杂系统，这样的系统具有以下几个特征。

(1)它是人工系统或者是复合系统，区别于无法加以控制的系统。

(2)它是大系统，内部有许多相互作用、相互依赖的分系统所组成，并且是多层次的，每一个分系统所要考虑的因素很多，从而区别于小系统。

(3)它是复杂系统。表现在总系统与分系统，各分系统之间，系统与环境存在非常复杂的关联，从而区别于简单系统。

(4)它是组织化的系统。表现在系统的各组成部分都是围绕着一个共同的目标。区别于彼此没有共同目标的一组元素。

根据国外学者的划分，可按组织化程度与繁简程度对系统进行分类，如表 1-1 所示。表中第Ⅲ象限属于简单事物，处于无序之中，这类系统一般可以用统计概率的方法来解决。第Ⅳ象限属简单事物，处于有序之中，这类系统已找到规律，自然科学中的单学科属于这类。如，物理学、化学等。第Ⅱ象限所研究的对象既复杂又无秩序，这类系统就难于描述，可以说是一片混沌，目前尚无成熟的科学方法来搞清楚。如生态问题等就依赖于未来学的发展。而系统科学和系统工程主要研究领域是组织化的复杂大系统，处于第Ⅰ象限之中。

表 1-1　系统科学(系统工程)的研究范畴

按系统繁简程度 / 按系统组织化程度	大 系 统	小 系 统
有组织系统	Ⅰ系统科学	Ⅳ工程科学
无组织系统	Ⅱ未知领域	Ⅲ概率、统计、模糊数学

迄今为止，系统工程已经扩展到了自然科学、社会科学等众多领域，从而形成了许多系统工程分支，具体如下所示：

(1)自然环境系统(如自然受控系统、国土资源系统、农业系统、生态与环境系统等)；

(2)生物医学系统(如生理系统、生物系统、神经系统、医疗系统等)；

(3)工业系统(如宇航系统、产品与技术开发、工业生产控制与管理、工业布局、交通网络、物流与供应链管理等)；

(4)社会系统(如城市规划与城市管理、服务系统、教育系统、文化体育等)；

(5)国家管理系统(如区域规划与开发、宏观计划、经济政策、能源规划与生产、国防系统、武器系统、人口控制、国际关系等)。

从以上所列研究领域可以归纳出系统工程研究对象的具体特征：首先，系统工程不同于机械工程、电子工程、水利工程等。后者以专门的技术领域为对象，而系统工程则跨越各专业领域，研究各行各业中系统的开发、运用等问题；其次，系统工程不仅涉及工程系统，而且涉及社会经济、环境生态等非工程系统，不仅涉及技术因素，还涉及社会、经济甚至心理因素；最后，系统工程比一般工程更注重事理，注重计划、组织，安排、优化。一般工程注重“物”的研究，以创造人类有用的物质条件，如电气工程。而系统工程则注重“事”的研究，从而为完成某项任务提供决策，计划、方案和工序，以保证任务完成得最好。

案例分析

“问责”中的系统思维

一位护士叫玛丽，在纽约一家医院已经工作了三年。这年纽约气候异常，住院病人激增，玛丽忙得脚不沾地。一天给病人发药时，她张冠李戴地发错了药，幸好被及时发现，才没有酿成事故。但医院的管理部门依然对这件事情展开了严厉地“问责”。

首先问责护理部。他们从电脑中调出最近一段时间病历记录，发现“玛丽负责区域病人增加了30%，而护士人手并没有增加”。调查部门认为护理部没有适时增加人手，造成玛丽工作量加大，劳累过度。人员调配失误。

然后问责人力资源部门的心理咨询机构。玛丽的家里最近有什么问题？询问得知，她的孩子刚两岁，上幼儿园不适应，整夜哭闹，影响到玛丽晚上休息。调查人员询问后认为“医院的心理专家没有对她进行帮助，失职！”

最后问责制药厂。专家认为“谁也不想发错药，这里可能有药物本身的原因”。他们把玛丽发错的药放在一起进行对比，发现几种常用药的外观、颜色相似，容易混淆。他们向药厂发函：建议改变常用药片外包装，或改变药的形状，尽可能减少护士对药物的误识。

那几天玛丽特别紧张，不知医院如何处理。医院心理专家走访了她，告诉她不用担心病人赔偿事宜，已由保险公司解决。还与玛丽夫妻探讨如何照顾孩子，并向社区申请给予她10小时义工帮助。玛丽下夜班，义工照顾孩子，以保证她能充分休息。同时医院特别批准她“放几天假，帮助女儿适应幼儿园生活”。

从这以后，玛丽工作更加认真细致，也没有人再发生类似错误。她和同事们都很喜欢自己的工作，想一直做下去。

护士工作辛苦是众所周知的，在美国，护理业成为非常受人尊敬的职业，除了护士较高的薪水和待遇外，我相信还有很多其他原因。

思考题：

1. 请从系统的角度分析上述案例。
2. 结合案例，探讨系统思考的重要性。

第2章　系统环境分析

本章提要

本章主要介绍系统环境的基本概念和理论。通过本章的学习，掌握什么是系统环境，如何区分系统和环境，以及怎样复习系统环境。

导入案例

为什么神舟飞船总是选择在酒泉发射

中国用以发射运载火箭的基地，主要有西昌、太原和酒泉三大航天发射中心。其中酒泉卫星发射中心就是由导弹发射试验场发展起来的现代化综合性航天发射中心。

酒泉卫星发射中心始建于1958年，是中国最早的卫星发射中心，其卫星发射设施十分先进。酒泉卫星发射中心主要用于执行中轨道、低轨道及高倾角轨道的科学实验卫星及返回式卫星的发射任务。自1970年长征一号运载火箭成功发射中国第一颗卫星——东方红一号以来，酒泉卫星发射中心用长征一号、长征二号丙及长征二号丁火箭已成功发射了20多颗科学实验卫星。

酒泉卫星发射中心位于中国西北部甘肃省酒泉地区，发射场的坐标位置为东经100度、北纬41度，海拔1000米。该地区属内陆及沙漠性气候，全年少雨，白天时间长，年平均气温8.5摄氏度，相对湿度为35~55%，环境条件很适合卫星发射。

兰州至乌鲁木齐的铁路在清水地区有一条支线直达酒泉卫星发射中心的技术中心和发射场区。鼎新机场在酒泉卫星发射中心以西75公里，机场跑道长4000米、宽80米，可起降C-130及波音747等大型飞机。8米宽水泥路面的公路连接技术中心和发射场区，适合卫星从机场到技术中心和发射场区的运输。

选择酒泉进行神舟飞船的发射是综合考虑天时、地利的结果。天时是指这里的气象条件适合卫星发射。虽然该地纬度比西昌和太原都高，运载火箭要消耗额外的燃料，但酒泉具有另外两个卫星发射基地不具备的优势。

1. 戈壁广阔平坦，适合兴建大规模发射场。反观西昌和太原卫星发射中心，它们都处于崇山峻岭之间，不适于建设和建筑交通方便的载人航天发射场。载人飞船和运载火箭在发射前最好连为一体，从总装测试厂房垂直移动到发射架上，为保证发射安全，发射架与总装测试厂房又不能离得太近。为转运方便，二者之间最好有直路相连。平坦的戈壁正适合建设这样的大体量建筑物。在酒泉卫星发射中心，一条20米宽的铁路将亚洲最大的单层建筑——垂直总装厂房——与发射架相连。58米高的箭船组合体可以平稳移动到位。

2. 酒泉卫星发射中心是中国历史最早、规模最大的航天发射基地。专业人员和技术条件在全国独占鳌头。在这里发射飞船，可最大限度地利用现有资源，避免重复建设，节省投资。符合中国勤俭节约搞航天的原则。

自1999年以来，从神舟1号到神舟8号，中国历次载人航天任务的发射地都选在酒泉。从飞船发射场的组成规律和选址原则等方面分析，可以得出结论：中国载人航天工程的“母港”落户于酒泉卫星发射中心，既是对丰厚的历史遗产的继承，也是现实的科学选择。

2.1 系统环境与边界

2.1.1 系统环境的概念

系统环境是指存在于系统之外的，系统无法控制的自然、经济、社会、技术、信息和人际关系的总称。系统环境因素的属性和状态变化一般通过输入使系统发生变化，这就是所谓的环境开放性。系统与环境是依据时间、空间、研究问题的范围和目标划分的，因此系统与环境是个相对的概念。图2-1中，S表示系统，$\overline{S}$表示环境，若把S和$\overline{S}$作为一个整体看，就组成了一个新的更大的系统Ω，新系统的环境需要重新确定。

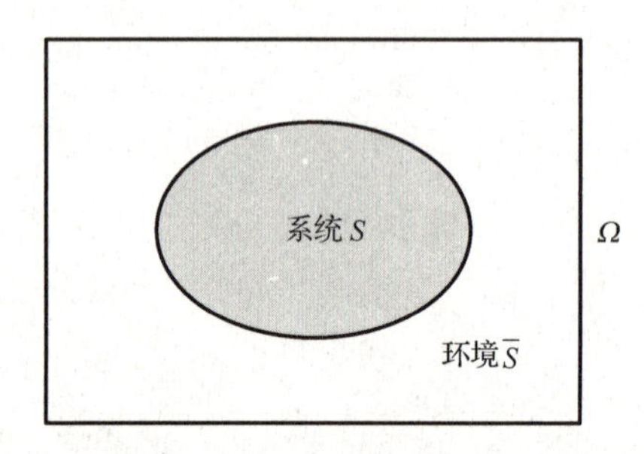

图2-1 系统与环境概念的相对性

环境的变化对系统有很大的影响，系统与环境是相互依存的，系统必然要与外部环境产生物质的、能量的和信息的交换。能够经常与外部环境保持最佳适应状态的系统，属于积极的开放系统，因而也是理想的系统；而不能适应环境变化的系统是难以存在的。例如，企业产品计划的制订必然要考虑市场环境与经济环境大背景的实际情况，企业的计划不能脱离环境的制约，否则将难以保证产品计划的顺利完成；反过来，企业产品的供给也会给市场的需求带来倾向性的影响，企业产品的结构和创新将导致市场需求的变化，从而为企业带来更好的收益。

从系统分析的角度来看，对系统环境的分析具有以下几个方面的实际意义。

（1）环境是提出系统工程课题的来源。环境发生某种变化，如某种材料发生短缺，或者发现了新材料，都将引出系统工程的新课题。

（2）系统边界的确定要考虑环境因素。这说明在系统边界的确定过程中，要根据具体的系统要求划分系统边界，如有无外协要求或技术引进问题。

（3）系统分析与决策的材料来源于环境。如企业决策所需的市场动态资料、企业新产品开发情况等都必须依赖环境提供。

（4）系统的外部约束通常来自环境。这是环境对系统发展目标的限制。例如，资源、财源、人力、时间等方面的限制都会制约系统的发展。

2.1.2 系统环境的边界

定义了系统也就定义了环境，而使得系统与环境可以识别的界限称为系统的边界（如图2-2所示）。从空间结构看，边界是把系统与环境分开来的所有点的集合。从逻辑上看，边界是系统构成关系从起作用到不起作用的界限，系统从存在到消失的界限。这样说来，系统与环境的边界应该是明确的，但实际划分时却要具体问题具体分析。例如，国土的边界是明确的，但国家的边界却是较难确定的，特别是在对外关系中如何保护国家的权力和利益就十分复杂。总的来说，划分系统与环境之间的边界需要遵守以下几个原则。

(1)系统与环境之间应有一个界线。研究系统时首先要明确哪些是属于系统之内的元素，哪些是系统之外的环境。虽然有时候系统与环境的边界比较模糊，常常是你中有我、我中有你，但也是有一定的规律可循。一般而言，系统环境边界在宏观层次上比较明确，在微观层次上就比较模糊；物质系统的边界比较明确，概念系统的边界就比较模糊。

(2)系统与环境是"内外有别"的。属于系统内部的组成部分或元素，与不属于系统的其他事物之间有本质区别。系统的内部元素对系统的整体性有确定的影响，而属于环境中的事物却只对系统有偶然的影响。

(3)环境有层次性和结构性。环境的层次通常可以按与系统的相对位置和对系统关系的密切程度、作用大小来划分，如一般环境、具体环境等。此外，环境也不是系统之外所有事物的杂乱堆砌，构成环境的各种事物之间也会有确定的关系和结构。

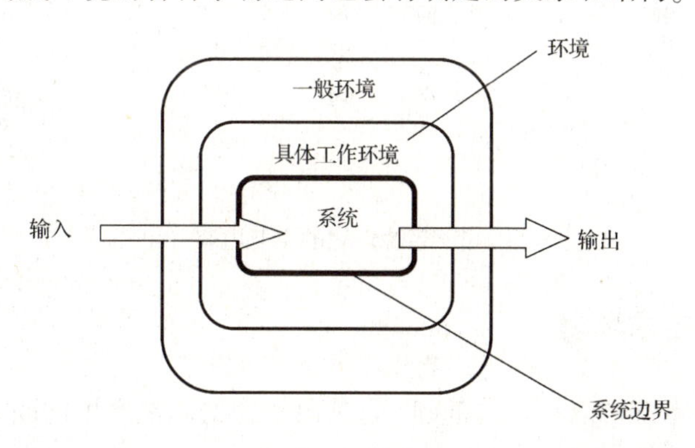

图2-2 系统边界

实际中，为了确定环境因素必须对系统进行分析，按系统构成要素或子系统的种类特征，寻找与之关联的环境要素。环境因素的确定与评价，要根据系统问题的性质和特点，因时、因地、因条件地加以分析和考察。通常要注意以下几点。

(1)适当取舍。将与系统联系密切、影响较大的因素列入系统的环境范围，既不能太多，也不能过少。

(2)对所考虑的环境因素，要分清主次，分析要有重点。

(3)不能孤立地、静止地考察环境，必须明确地认识到环境是一个动态发展的有机整体，应以动态的观点来探讨环境对系统的影响及后果。

(4)尤其要重视某些间接、隐蔽、不易被察觉的，但可能对系统有着重要影响的环境因素。

总之，对系统的环境因素以及它们间的边界关系进行分析是认识、改造和构造系统的基本前提。

2.2 系统环境的主要内容

系统总是处在一定的客观环境中，因此了解系统所处的环境是解决问题的第一步。系统工程研究的对象是开放系统，随着系统相关的环境因素属性或状态的改变，通过输入会使系统发生变化。从系统的观点看，全部的环境要素大致可分为三大类别(如图 2-3 所示)，即物理技术环境、社会人文环境和经营管理环境。

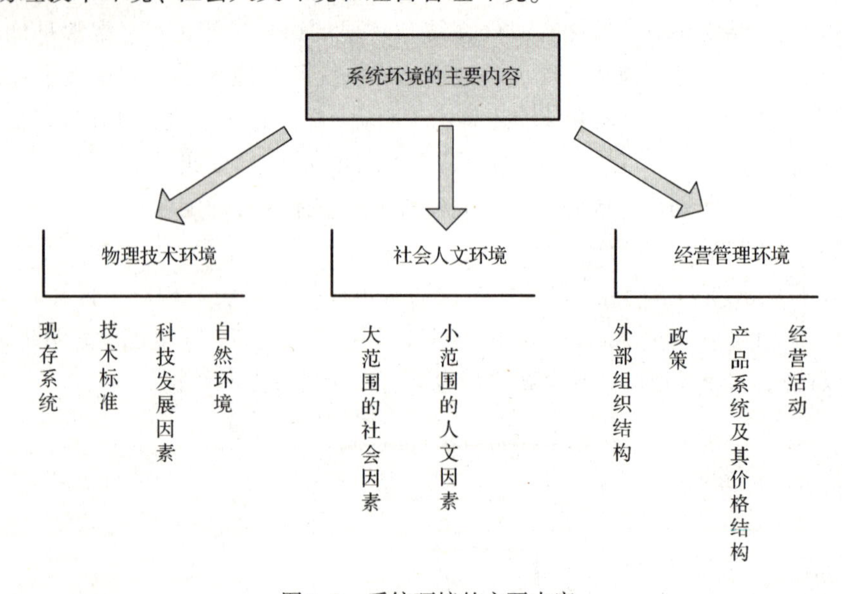

图 2-3 系统环境的主要内容

2.2.1 物理技术环境

物理技术环境是系统得以存在的基础，它是由事物的属性产生的联系而构成的因素和处理问题中的方法性因素，主要包括以下几个因素。

(1)现存系统。现存系统的现状和有关知识对于系统分析是必不可少的，因为任何一个新系统的分析与设计都必须与现存系统结合起来。新系统与现存系统的并存性和协调性、现存系统的各项指标是进行系统分析必须考虑的因素。这就要求从产量、容量、生产能力、技术标准等方面考虑它们之间的并存性和协调性，同时还要考虑现存系统的技术指标、经济指标、使用指标，以便使新系统的设计更为合理。此外，现存系统也是系统分析中收集各种数据资料的重要来源，如有关系统功能分析、试验数据、成本资料、材料类别、市场价格等，只有通过现存系统的实践才能提供。

(2)技术标准。技术标准之所以成为物理和技术环境因素，是因为它对系统分析和系统设计具有客观约束性。实际上，技术标准是制定系统规划、明确系统目标、分析系统结构和系统特征时应遵循的基本约束条件。不遵守技术标准，不仅会使系统分析和系统设计的结果无法实现，而且会造成多方面的浪费。反之，使用技术标准可以提高系统分析和设计的质量，节约分析时间，提高分析的经济效果。

(3)科技发展因素。科技发展因素的估量分析对于系统的分析与设计是至关重要的。只有在对现有科技的发展充分了解的基础上才能使设计的系统发挥较高的效率，才能避免使设计的新系统在投产前就已过时。科技发展因素的分析，主要涉及在新系统发展之前是否有可用的科技成果或新发明出现，是否有新加工技术或工艺方法出现，是否有新的维修、安装、操作方法出现等三个方面的问题。这就要求在进行系统分析时，必须对上述三个方面的问题进行详细调研和分析，做到心中有数。

(4)自然环境。与自然环境之间保持正确的适应关系是任何系统分析得以成功的基础，从某种意义上说，人类的全部创造都是在利用和征服自然环境的条件下取得的。因此，系统分析师总是把自然环境因素作为约束条件来考虑。自然环境主要包括地理位置、地形地貌、水文、气象、矿产资源、动植物等。它们是系统分析和系统设计的条件和出发点，如地理位置、原料产地、水源、河流等对厂址选择就有明显的影响。系统工作者在进行系统分析时必须充分估计到有关自然环境因素的影响，做好调查统计工作。

2.2.2 社会人文环境

社会人文环境是指把社会作为一个整体考虑的大范围的社会因素和把人作为个体考虑的小范围人文因素。

(1)大范围的社会因素。主要考虑人口潜能和城市形式两个方面的因素。人口潜能是社会物理学的概念，它是模拟物质质点间具有引力的物理概念而提出来的。人口潜能表明，作为人的社会存在的一个特点，人们具有明显的群居和交往的倾向，从人口潜能研究得出的“聚集”、“追随”、“交换”的测度，能说明城市乡村发展的趋势和速率，可用于产品及服务的市场估计。城市形式的研究主要是说城市是现在社会中物质和精神文明的汇集地，是人类的一大创造，城市的本质特征是规模、密度、构造、形状和格式。每个城市在它的应用结构和空间方法上都表现出一定的特征，研究城市形式可为城市规划、建筑、交通、商业、供应、通信等系统的分析和设计提供参考依据。

(2)小范围的人文因素。在系统分析中，人的因素可以划分为两组：一是通过人对需求的反映而作用于创造过程和思维过程的因素；二是人或人的特性在系统开发、设计、应用中应予以考虑的因素，包括人的主观偏好、文化素质、道德水准、社会经验、能力、生理和心理上的特征等。

2.2.3 经济管理环境

经济管理环境是系统得以存在的根本，要使设计的系统发挥最大的经济效益，就必须充分考虑和分析系统与经济管理环境的相互关系。任何系统的经济过程都不是孤立进行的，它是全社会经济过程的组成部分，因此系统分析只有与经济管理环境相互联系才能得出正确的结果。

(1)外部组织机构。未来系统的行为将与外部组织机构发生直接或间接的联系，如同类企业、供应企业、科研咨询机构等。通过机构间的联系产生各种对口关系，如合同关系、财务关系、技术转让关系、咨询服务关系等。概括起来就是系统与外部组织机构之间存在着各种输入和输出关系。正确建立和处理这些关系对企业系统的生存和发展往往是举足轻重的。

(2)政策。政策对于系统的开发起到指导性的作用，它是一种最为重要的经济管理环境。在某种意义上是政策指出了企业的经营发展方向，政策影响着企业追求目标上的判断。因此，系统分析不得不充分估计到政策的影响和威力，系统分析人员必须懂得政策和制定政策的重要性。根据作用范围，政策可分为两类，即政府的政策和企业内部的政策。政府政策对企业起到管理、调解和约束的作用，企业内部政策则是在适应政府政策的前提下求取生存和发展的重要手段。

(3)产品系统及其价格结构。产品系统反映了社会的总需求及其供给情况，产品价格结构取决于国家的政策和市场供求关系，即经济管理环境是确定产品系统及其价格结构的出发点。在进行有关系统的分析时，必须了解产品和服务存在的社会原因、工艺过程及技术经济要求、价格和费用构成，以及价格和利率结构变动的趋势，必须掌握这些变化对成本、收入以及其他经济指标和社会的影响。上述因素是确定产品系统及其价格结构的直接依据，也是制定系统目标和系统约束的出发点，产品能否获得市场，价格是其重要的经济杠杆。

(4)经营活动。主要是指与市场和用户等有直接关系的因素的总和。经营活动必须适应经营环境的要求，否则将一事无成。经营活动通常是指与商品生产、市场销售、原材料采购和资金流通等有关的全部活动，它的目的是为了获取更大的经营效果，不断促进企业发展壮大。在产品需求量稳定的情况下，经营目标要以提高市场占有率和资金利润率为主。在需求量不稳定的情况下，则以发展新产品和提高经济指标为主。改善经营活动，主要包括增强企业实力，搞好经营决策和提高竞争力等方面。增强企业实力是基础，搞好经营决策是手段，提高竞争力则是目的。

2.3 系统环境的分析方法

2.3.1 PEST 分析法

PEST 分析是用来分析社会经济系统(特别是行业和企业)外部宏观环境的一种常见方法。宏观环境又称一般环境，是指影响一切行业和企业的各种宏观力量。对宏观环境因素作分析，不同行业和企业根据自身特点和经营需要，分析的具体内容会有差异，但一般都应对政治(Political)、经济(Economic)、社会(Social)和技术(Technological)这四大类影响行业和企业的主要外部环境因素进行分析。简单而言，称之为 PEST 分析法。图 2-4 简单描述了 PEST 环境分析的主要内容。

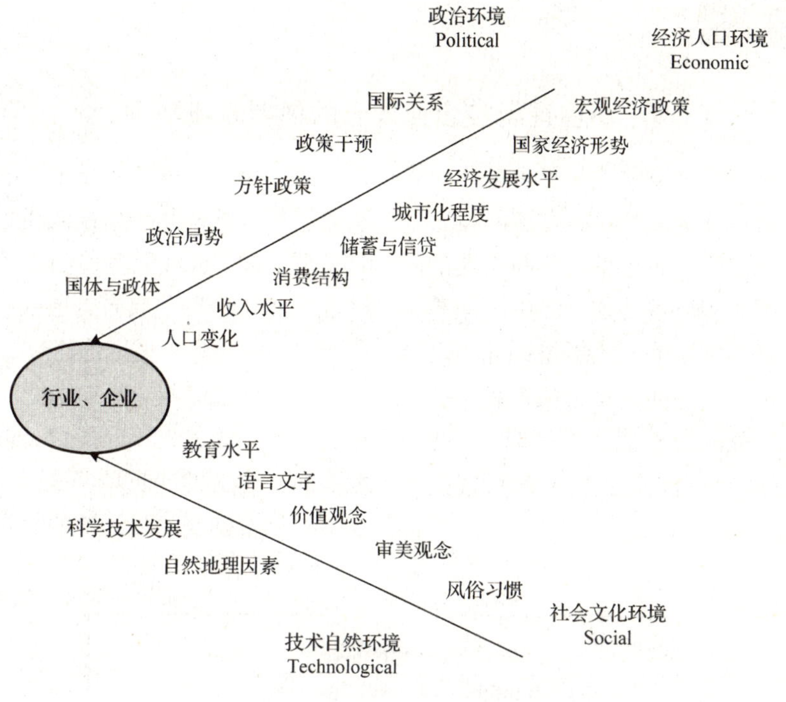

图 2-4　PEST 分析法的主要内容

2.3.2　SWOT 分析法

对环境因素进行分析时，除了分析一般环境外，还必须考虑系统的自身条件，把系统的内部环境与外部环境结合起来。经常采用的方法是 SWOT 方法。SWOT 方法也称态势分析法，在 20 世纪 80 年代初由美国旧金山大学的管理学教授韦里克提出，经常被用于企业战略制定、竞争对手分析等场合。SW 是指系统内部的优势和劣势，OT 是外部环境存在的机会和威胁。在分析内部环境时，既要考虑自身的优势，又要考虑自身的不足，并尽可能抓住外部环境提供的机遇，避免威胁因素对系统可能产生的不良影响。图 2-5 给出了在不同环境组合条件下企业系统可能的策略重点。

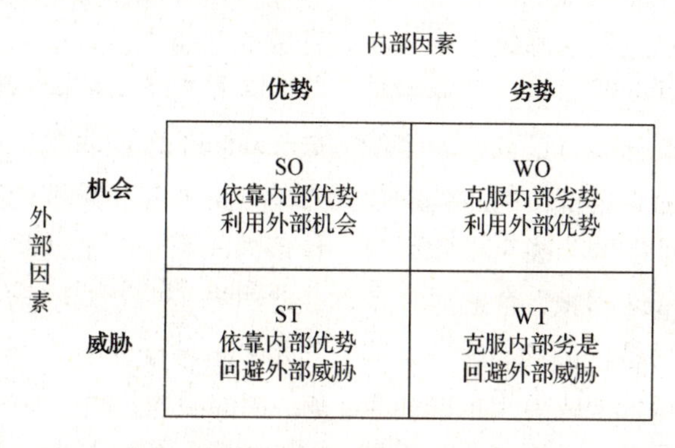

图 2-5　SWOT 的组合分析

案例分析

中小型高科技企业成长的创新系统环境

中小型高科技企业的成长环境是企业赖以生存和发展的基础，对中小型高科技企业的成长有重要作用。中小型高科技企业的成长环境具有不同的环境层面，对中小型高科技企业具有直接作用的是创新系统环境。创新系统环境是由各主体的相互关系和与中小型科技企业相关的各种信息等构成，这些内涵对于中小型高科技企业成长具有直接作用力。

对中小型高科技企业成长的创新系统环境的结构分析是从创新系统主题层面、外部与内部层面、宏观环境和任务环境3个层面来进行的。这3个层面的层次结构如图2-6所示。可见，本文提出的这个3个层面形成了不同的层次结构，对中小型高科技企业的成长具有不同的作用。同时，也揭示了中小型高科技企业的成长环境是十分复杂的，成长的过程会受到诸多因素的影响。

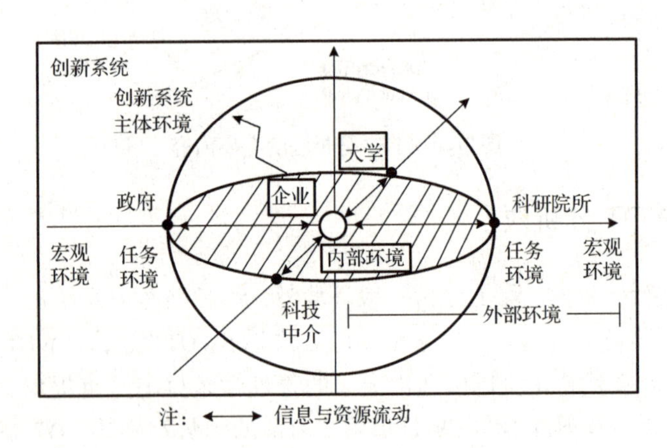

图2-6 中小型高科技企业成长的创新系统环境关系

创新系统对中小型高科技企业的作用是通过系统内部主体的作用实现的。创新系统环境的主体层面研究的是创新系统的主体构成，以及这些主体与中小型高科技企业的相互作用关系。首先，政府部门是创新的组织者和引导者。其次，企业是创新的主体。再次，技术产品生产具有多重不确定性和风险性，大量投入未必会带来回报，企业对技术产品的生产没有太多兴趣。因此，拥有国家大量投入的科研机构和大学成为技术的最重要和最主要的来源。最后，科技中介组织是国家创新系统中除政府、企业、大学与科研院所之外最重要的主体，科技中介组织在与其他主体相互作用中实现其加速创新产出和升级的系统作用。

创新系统中的中小型高科技企业所处的成长环境是多层次的，本文根据环境作用的方向分为外部环境和内部环境。外部环境的作用力来源于企业边界的外部，直接作用于企业边界，进而作用于企业内部；内部环境的作用力来源于企业内部，受到外界环境的影响，内部环境包括企业的各项职能，是企业可持续性发展战略制定的基础，包括管理环境、制度环境、理财环境、生产运行环境、研究开发环境等。内部环境与外部环境的作用相互交织，产生企业成长的促进力或者抑制力。

外部环境可分为宏观环境和任务环境。宏观环境是指那些对企业活动没有直接作用而又经常对企业决策产生潜在影响的一些要素，主要包括与整个企业环境相联系的技术、经济、文化、政治法律等方面，形成了由经济发展水平、科技水平、社会文化氛围、法制建设等层次环境组成的多层次的系统。宏观环境要素的作用渗透于各个环境主体行为当中，具有最广泛的影响力。

直接影响企业主要运行活动的影响要素称为任务环境。任务环境是中小型高科技企业成长的最重要的环境系统，直接关系到企业发展战略、竞争战略及竞争策略的制定，对企业生产与经营起到直接影响。主要包括产业环境、市场环境、融资环境、中介环境等，其行为主体包括股东、客户、供应商、竞争对手、金融机构等。任务环境离不开宏观环境的支持，两者相互影响与促进，是竞争格局发生变化的重要诱因。

创新系统中各环境子系统的作用发挥是基于各创新系统主体的作用而实现的。各层级环境之间相互影响和相互作用，因此，中小型高科技企业的成长受到多方面的影响。对中小型高科技企业所处的创新系统环境分析首先要明确作用主体作用源的力的方向，在实践中，保证创新主体对中小型高科技企业的影响是积极而有效的。尤其是在分析各个力的配合与协调作用的时候，更应该注重创新系统环境的层级结构。在诸多影响力中，政府支持力的作用在于营造适合中小型高科技企业成长的政策环境，政府的政策也会影响企业内部的成本结构、运行环境；在此力的支持下，培育中介环境、产业环境、融资环境、制度环境、高校和科研院所的研发环境等子环境。可以说，政府的政策环境是中小型高科技企业成长的创新系统环境结构的主要内容，也是其他环境形成与作用的支撑。而其他的环境子系统在相互作用中，对中小型高科技企业的成长形成影响。

思考题：

1. 结合案例，分析系统边界。
2. 依据安全讨论环境分析的重要性。

第3章　系统功能分析

本章提要

本章主要介绍系统功能的基本概念和理论。通过本章的学习，掌握什么是系统功能，什么是系统结构，二者的关系如何，以及如何对系统功能进行分类和分析。

导入案例

神奇的中医诊断方式

《灵枢—本脏》说："视其外应，以知其内脏，则知所病矣。"

《丹溪心法—能合色脉可以万全》说："欲知其内者，当以观乎外;诊于外者，所以知其内。盖有诸内者，必形诸外。"

上述两种说法是对中医诊断方式的论述。中医诊断主要是透过五脏系统的外在表现及各种外输信息辨析其内部情况，是一种没有对观察对象施加任何干扰，只在人体外部进行望、闻、问、切，获取各种信息的纯自然观察，与控制论的黑箱理论有着惊人的相似之处。

3.1 系统的结构与功能

3.1.1 系统结构

系统是由两个以上的元素所构成的，并且元素间不是孤立的，而是有联系的。这种联系的形式是多种多样的，在系统科学的语言中，一般用“结构”这个词进行描述。各种系统的具体结构是大不一样的，许多系统的结构是很复杂的。不妨用 S 表示系统，E 表示要素的集合，R 表示由集合 E 产生的各种关系的结合，则系统的结构大致可由如下公式表示：

$$S = \{E, R\}$$

上述公式说明，作为一个系统，必须同时包括要素的集合及其关系的集合，两者缺一不可。两者结合起来，才能决定一个系统的具体结构与特定功能，才能组成一个系统。不同的系统，其要素集合 E 的组成是大不一样的，例如，学校与企业，企业与军队，中国与美国，其要素集合 E 的组成有很大差异。但是，由要素集合 E 产生的关系集合 R，从系统论而言，却是大同小异的，不失一般性，可以表示为：

$$R = R_1 \cup R_2 \cup R_3 \cup R_4$$

其中，R_1 为要素与要素之间、局部与局部之间的关系子集，表示横向联系；R_2 为局部与全局（系统整体）之间的关系子集，表示纵向关系；R_3 为系统整体与环境之间的关系子集；R_4 为其他各种关系子集。在系统要素给定的情况下，调整这些关系，就可以改变或提高系统的功能。这也是组织管理工作的作用，是系统工程的着力点。

3.1.2 系统功能

任何系统都有一定的功能，系统的功能反映系统与外部环境的关系，表达出系统的性质和行为。系统功能体现了一个系统与外部环境之间的物质、能量和信息的输入与输出的转换关系。如图 3-1 所示。

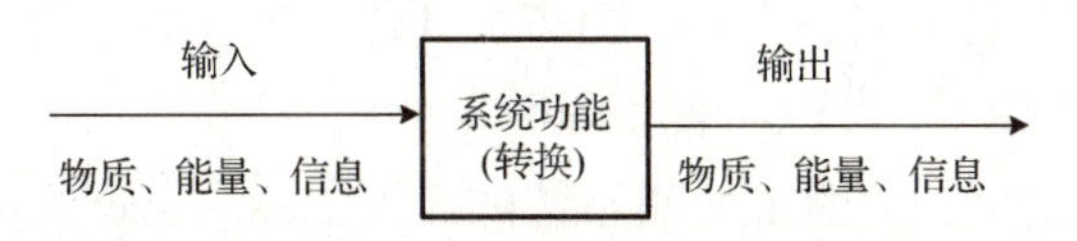

图 3-1　系统功能示意图

由图 3-1 可知，系统的功能可以理解为一种处理和转换机构，它把输入转变为人们所需要的输出。用数学公式可表示为 $Y = F(X)$。其中，自变量 X 为输入的原材料，变量 Y 为产品和服务。X 和 Y 都为矢量，也就是说是多输入多输出的；F 为矢量函数，系统具有多种处理和转换功能。

系统工程旨在提高系统的功能，特别是提高系统的处理和转换的效率。即在一定的输入条件下，使得输出多、快、好；或者，在一定的输出条件下，使得输入少与省。

若某系统含有 n 个组成部分(子系统)，其中第 i 个组成部分的功能为 $F_i(i=1, \cdots, n)$，系统功能为 F，则整个系统功能和系统组成部分功能之间的关系表示如下：

$$F_{总} > F_1 + F_2 + F_3 + F_4$$

上述公式说明系统的总体功能大于各组成部分功能的简单相加，这是系统理论的经典之一，也是系统工程的实施要点。需要说明的是，这里说的“大于”，也可以表示为“多于”、“优于”、“高于”等多种概念。“大于”的产生，其原因在于组成系统的要素之间发生了这样那样的联系(如分工、合作)，产生了层次间的涌现性和系统整体的涌现性，系统功能出现了量的增加和质的飞跃。“一个巧皮匠，没有好鞋样；两个笨皮匠，彼此有商量；三个臭皮匠，赛过诸葛亮”便是对上述公式的生动描述。当然，上述的功能公式的成立也是需要条件的。在不协调的关系下，其不等号的方向可以反过来，如俗语所说“三个和尚没水吃”。因此，系统功能的发挥关键在于要素之间的关系，在于系统的结构。调整要素之间的关系，建立合理的系统结构，就可以提高和增加系统的功能。

3.1.3 系统结构与功能之间的关系

系统的结构与功能之间的关系，可以存在于以下的多种情况中。

(1)一般而言，组成系统结构的要素不同，系统的功能也不同，因为要素是形成结构与功能的基础。

(2)组成系统结构的要素相同，但结构不同，则功能也不同。如同一个班组，人员不变，但劳动的组织、分工与合作方式变了，就表现出不同的劳动效果。所以，为了提高功能，不能只从提高单要素着手，还得设法改进结构。

(3)组成系统的要素与结构都不同，也能得到相同的功能。这就启发了我们为了达到同一目标，可以采用不同的方案。

(4)同一系统结构，可能不仅有一种功能，而是有多种功能。这是因为同一结构，在不同环境下发挥的作用不同。如同一种药物，对不同疾病有不同的疗效。

结构和功能既有相对稳定的一面，又都可能发生变化。一般来说，系统的功能比结构有更大的可变性，功能变化又是结构变化的前提。例如，一个企业，当市场对它的产品需求有所变化，也就是它的功能发生变化时，就必须调整生产，改变产品的种类、品种，调整生产组织。按照作用对象的不同，系统功能又可以划分为外功能和内功能两种。其中，系统整体对外在环境的作用或影响称为系统的外部功能，简称外功能；系统整体对内在环境的作用或影响称为系统的内部功能，简称内功能。一个系统的内外功能是相互作用的，一般地，内部功能是外部功能的基础，内部功能的状况决定着外部功能的状况；外部功能的发挥会刺激内部功能的提高和进一步完善。

3.2 系统功能分类

3.2.1 按系统动作形式分类

功能体现了系统最高层次的性能特点和(或)必须涉及的各种动作。因此，按照功能所对应的系统动作形式，可以把功能分为独立功能和从属功能两类。独立功能就是系统在完成该项功能时所进行的动作是独立的，不需要其他的动作来配合，独立功能往往是系统必须完成的主要功能。从属功能则是在系统完成独立功能的过程中附带完成的一些辅助功能，且完成这些功能的动作构成了完成独立功能动作的某一个部分。

功能之间的结合形式可以表现为串联、并联或混联形式(如图3-2所示)。系统的各项功能按完成时间的先后及三种结合形式的组合，构成了系统在某一层次上的功能流程。

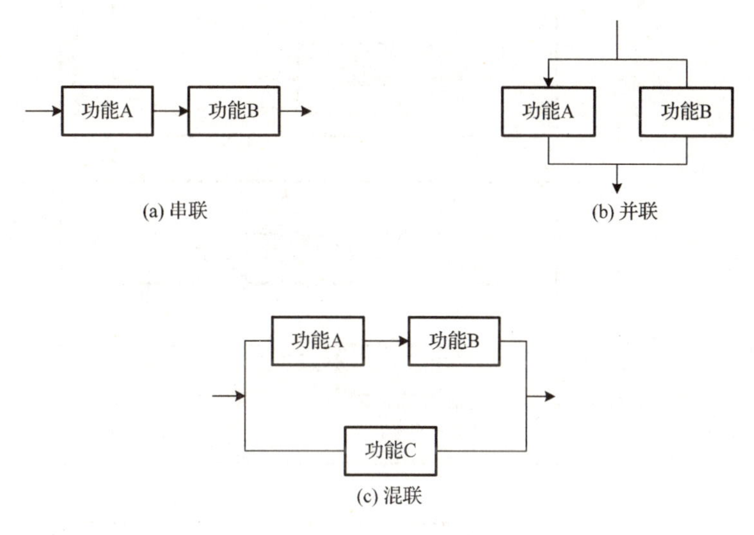

图3-2　功能之间的结合形式

3.2.2　按重要程度分类

系统的功能按其重要性程度及其相互之间的从属关系，可分为不同的几个功能层次。每个功能层次之间的相互关系可以由功能流程图来描述。因此，功能流程图可以标明为最高层次、第一层次、第二层次，依次类推。最高层次表示的是系统总的工作功能。第一层次和第二层次依次表示前一层次功能的进一步展开。功能流程图一直要向下展开到为确定该系统的各项需求(如硬件、软件、设施、人员、资料数据)所必要的层次。每个图上所标明的功能应予以编号，编号的方式要能保持功能的连续性，并能贯穿整个系统追溯到功能的开始点。按层次功能逐级编号可如图3-3所示。

3.2.3　按作用对象分类

按作用对象不同，系统功能又可以划分为外功能和内功能两种。其中，系统整体对外在环境的作用或影响称为系统的外部功能，简称外功能；系统整体对内在环境的作用或影响称为系统的内部功能，简称内功能。一个系统的内外功能是相互作用的，一般地，内部功能是外部功能的基础，内部功能的状况决定着外部功能的状况，而外部功能的发挥会刺激内部功能的提高和进一步完善。

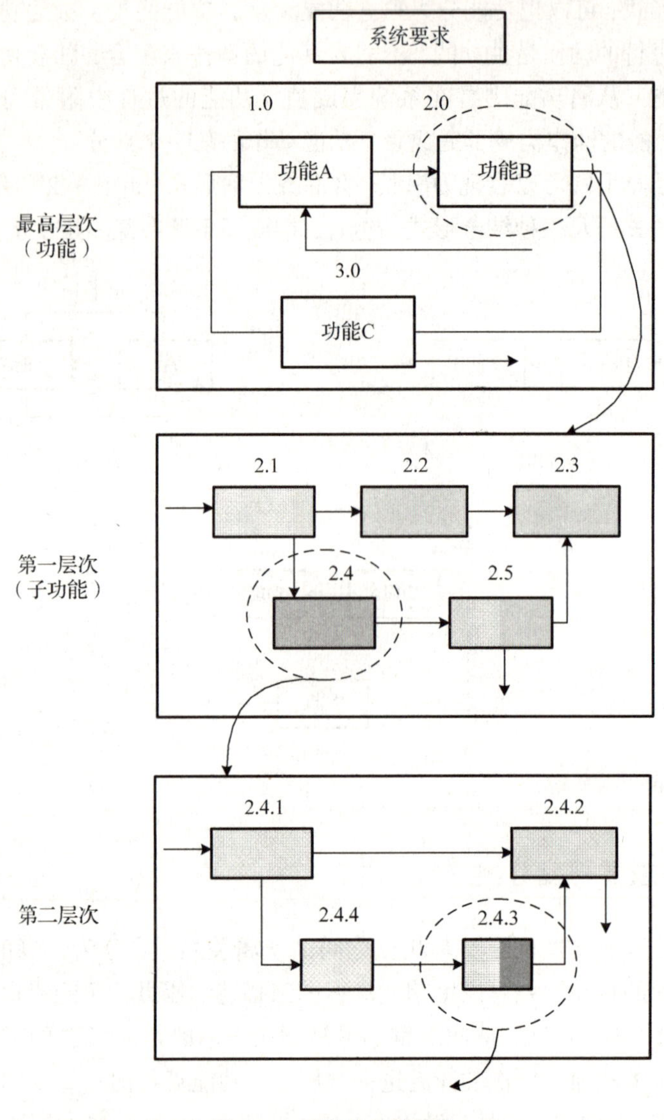

图 3-3　系统的功能层次

3.3 系统功能分析方法

3.3.1 功能模拟方法

模拟方法是一种普遍使用的科学方法。“模”是法式、标准的意思，“拟”是设计、打算的意思。模拟既有按一定法式、标准进行设计的含义，又有模仿的意思。所谓功能模拟方法，是指在对系统原型的内部结构未能深入了解或不可能深入了解的条件下，用一个与它的内部结构不同、但功能特性具有相似性的模型来对系统的功能特性及其规律进行研究的方法。

在功能模拟方法中，需要使用到功能模型。功能模型就是只以功能行为相似为基础而建立的模型。模型与原型功能相似，但结构可以完全不同。利用功能模拟方法研究系统问题，不是企图研究“系统是什么东西”的问题，而是研究“系统能做什么”的问题。功能模拟有以下几个特点：

(1)只以功能相似为基础；

(2)不要求模型与原型在结构上相同；

(3)通过功能模拟，能够发现系统可能的一些新的特性。

3.3.2 黑箱分析方法

黑箱分析方法的一个特点是检查所模拟的对象从整体上来看对于输入有什么输出反应，而对内部的组织结构不考虑。这种方法也被称为“黑箱方法”，因为这个模型就像一个黑箱一样。黑箱的概念源自于电工理论，对于一个电工设备或者电路，在输入端加上一定的输入，就会在输出端产生一定的输出，通过输入与输出的关系就可以了解到这个设备或电路的某些性能，而不必去探究内部的细节。这个设备或电路就被看成是一个密闭的黑箱。可见，黑箱分析方法就是对系统内部的要素的结构全无知晓的系统研究方法。它为我们提供了在未知系统内部要素和结构的情况下进行功能分析的方法。

有时候，人们对系统或装置的内部有一些了解，但又不完全了解，即部分信息已知、部分信息未知，这使得人们可以依赖这些局部已知的信息建立一些依赖于结构的模型。这样的情况可以认为是一种灰箱分析方法。

案例分析

黑箱理论在商务谈判场合的使用

谈判是人际交往中的一种特殊的双向沟通方式，对于从事领导工作、公关行业、职业推销者而言，谈判能力可以直接决定其工作进展和事业成功度。随着市场经济的发展和各类竞争的加剧，各行各业之间、人与人之间的争议随时发生。当事人(谈判的关系人)、分歧点(协商的标的)、接受点(协商达成的决议)作为谈判的三要素会时刻出现在职场中。

在双方当事人为了各自利益，围绕分歧点进行反复论证讨价还价，最终共同设定接受点的过程中，接受点一度作为“黑箱”存在，所以，谈判的过程，也是黑箱被逐渐打开的过程。

某公司公关部与某装修公司商谈会议室装修问题。对方将报价单传真过来，说这间会议室的装修费用需要30万。公关部认为这个价钱还算是个老实价，但是，并不清楚对方最终会以什么样的价格成交。而装修公司也并不清楚公关部最终会接受什么样的价格，成交价对双方而言，是“黑箱”，而为了确保各自利益，双方都不抢先打开黑箱。公关部看到对方的报价单，只回了一句：价格太高，难以接受。装修公司又发了一纸传真：您能接受什么样的价格呢？公关部回道：我只能接受最优惠的价格。装修公司调整了价格后回复：28万。公关部再提出要求：据我所知，这不是最优惠价格。装修公司再问：您所指的最优惠价格是多少？公关部终于亮出接受点：多于22万免谈……装修公司回复：22万我们亏本，少于24万这笔生意就不能做了。公关部见好就收：23万，立刻成交！装修公司：好吧，希望以后常合作！

上述案例中的公关部和装修公司都是黑箱方法的实践者，这种策略技巧是商务谈判中应用最普遍、效果最显著的方法。谈判双方依据各自对黑箱的猜测，努力防备对方攻破黑箱从而占领上风，惜字如金，各不相让，最终达成妥协，完成了接受点由“黑箱”(未知)、“灰箱”(30万、28万、22万)到“白箱”(23万)的谈判过程。在谈判中，对黑箱的控制能力决定着谈判的胜负。

思考题：

结合案例讨论系统功能。

第4章　系统分析方法

本章提要

本章主要介绍系统分析方法。通过本章的学习，掌握系统分析方法的由来、概念和特点，系统分析的目的、内容和要素，以及问题分析技术和目标分析方法。

导入案例

2007年太湖蓝藻污染事件及治理

2007年7月，太湖湖区暴发大面积蓝藻。水样透明度为“零”，岸边的湖水像浓浓的绿色油漆，犹如铺上了一块宽约数十米的绿地毯。

事件的发生：在2007年5月28日起，因气候因素的影响，太湖流域高温少雨，水位偏低，使无锡的梅梁湖等湖湾比往年提前两个多月出现了大规模蓝藻现象。5月28日，无锡市委市政府迅速启动了太湖蓝藻治理的紧急预案，水利部太湖局紧急启用常熟水利枢纽泵站从长江实施应急调水。接着，无锡市居民自来水臭味严重，引发了无锡市有史以来因太湖蓝藻暴发导致的最大规模的供水危机，生活用水和饮用水严重短缺，超市、商店里的桶装水被抢购一空。

原因分析：市政府称是持续高热造成的，国家环保总局认为既是天灾也是人祸。蓝藻事件的成因为水体富营养化，是由多方面因素造成的。民间普遍认为是政府为了经济业绩大量兴建排污严重的化工厂，却对太湖污染治理不力造成了今天的恶性事件，而政府的弄虚作假，使得太湖污染问题日益严重。具体而言，工业污染严重，化工、纺织印染、黑色冶金为主的机构性污染仍没有根本性变化，同时因乡镇企业的快速发展和布局的分散性、经营方式的多变性及其初级粗加工，造成的污染极为严重。生活排污量迅速增加，随着工业化、城镇化进程加快，生活排污量较之以往迅猛增大，但排污管道及处理设施未能跟上，使得排入太湖的污水中含有大量的N、P元素物质。农业污染增速较快，肥料、农药、畜禽粪便、水产养殖业、秸秆、村庄生活污水、村庄生活垃圾都造成了水体的氮磷污染，且网箱养殖过程中，投入到太湖中的饵料中只有30%被鱼类利用，其余沉入湖底，污染水质。在这30%被利用的饵料中，有91%的氮磷流失到水体中，造成水体的富营养化。

预防与治理：常用的治理方法分为生物方法、物理方法和化学方法。这些方法各有千秋，如何选择也将成为一个难题。政府也出台了相关措施治理太湖蓝藻。

事实上，目前这个问题不仅仅是环境层面的问题，早在20世纪70、80年代，学术界和国际社会对环境问题关注的初期，人们就很快发现环境问题的解决不只是一个技术和管理的问题，我们所拥有的技术和知识不足以改变人们破坏环境的行为。环境问题需要从整体上把握与理解，环境问题的管理需要系统的解决方案。因此，治理环境污染问题首要解决的是对该问题展开深入的系统分析，那么，什么是系统分析，系统分析的基本逻辑以及具体的方法有哪些？本章主要探讨这些问题。

4.1 系统分析概述

随着人们面临的问题越来越复杂，解决问题的难度也与日俱增，采用一般的数学方法往往难以奏效，因此，需要将系统思想应用到复杂问题的解决过程中，从而产生并发展了系统分析方法。

4.1.1 系统分析的由来

系统分析(System Analysis)方法最初产生于第二次世界大战时期，和运筹学同时出现。美国的兰德公司(RAND)在长期的研究中发展并总结了一套解决复杂问题的方法和步骤，被称之为"系统分析"。系统分析的宗旨在于提供重大的研究与发展计划和相应的科学依据，提供实现目标的各种方案并给出评价，提供复杂问题的分析方法和解决途径。

专栏4-1

兰德公司简介

兰德公司(Research and Development，RAND)，美国非营利性的研究和咨询服务机构，主要对国家安全和公共福利方面的各种问题进行系统的跨学科分析研究。总部设在美国加利福尼亚州的圣莫尼卡，在华盛顿设有办事处，负责与政府联系。第二次世界大战期间，美国的一批科学家和工程师参加军事工作，把运筹学运用于作战方面，获得显著成绩，颇受朝野重视。战后，为了继续这项工作，于1944年11月，当时陆军航空队司令亨利·阿诺德上将提出一项关于《战后和下次大战时美国研究与发展计划》的备忘录，要求利用这批人员，成立一个"独立的、介于官民之间进行客观分析的研究机构"，"以避免未来的国家灾祸，并赢得下次大战的胜利"。根据这项建议，1945年底，美国陆军航空队与道格拉斯飞机公司签订了一项1000万美元的"研究与发展"计划的合同，这就是有名的"兰德计划"。不久，美国陆军航空队独立成为空军。1948年5月，阿诺德在福特基金会捐赠100万美元的赞助下，"兰德计划"脱离道格拉斯飞机公司，正式成立独立的兰德公司。兰德公司是美国最重要的以军事为主的综合性战略研究机构。它先以研究军事尖端科学技术和重大军事战略而著称于世，继而又扩展到内外政策各方面，逐渐发展成为一个研究政治、军事、经济科技、社会等各方面的综合性思想库，兰德的长处是进行战略研究。它开展过不少预测性、长远性研究，提出的不少想法和预测是当事人根本就没有想到的，尔后经过很长时间才被证实了的。兰德正是通过这些准确的预测，在全世界咨询业中建立了自己的信誉，被誉为现代智囊的"大脑集中营"、"超级军事学院"，以及世界智囊团的开创者和代言人。

在1972年，由美、英、法、苏、民主德国、联邦德国、日本等国的科学家，和其他相应组织倡导并成立的“国际应用系统分析研究所”（IIASA），进一步推进了系统分析的方法。IIASA通常邀请国际上有名望的系统分析专家就国际重大问题，如人类只有一个地球，能源、环境、债务、发展中国家发展战略等国际性问题进行研究，并将研究报告分送给有关国家。这种通过国际合作，采用系统分析方法解决现代社会所面临的全球问题的做法，受到世界各国的关注，是一种行之有效的分析、研究复杂系统问题的方法和手段。

采用系统分析方法对事物进行分析时，决策者可以获得对问题综合的和整体的认识，既不忽视内部各因素的相互关系，又能顾及外部环境变化所可能带来的影响，尤其是通过信息反馈，及时反映系统的作用状态，随时了解和掌握新形势的发展变化。在已知的情况下，研究不同结构关系和最有效的策略手段解决复杂的系统问题，以期顺利地达到系统的各项目标，实现系统所需要的功能。

4.1.2 系统分析的定义

广义地解释，把系统分析作为系统工程的同义语。狭义地理解，系统分析是系统工程的一个逻辑步骤，这个步骤是系统工程的中心部分。系统分析为系统工程实现优化提供了一个逻辑的途径，它贯穿于系统工程的全过程。基于前面的分析，我们认为，把系统分析作为一种有目的、有步骤的探索过程、一项研究问题的方法，解决问题的途径，优化的技术、决策的工具也许更全面些。

美国学者夸德（E. S. Quade）对系统分析作了这样的说明：所谓系统分析，是通过一系列的步骤，帮助决策者选择决策方案的一种系统方法。这些步骤是，研究决策者提出的整个问题，确定目标，建立方案，并且根据各个方案的可能结果使用适当的方法（尽可能用解析的方法）去比较各个方案，以便能够依靠专家的判断能力和经验去处理问题。

综上所述，所谓系统分析，就是利用科学的分析工具和方法，分析和确定系统的目的、功能、环境、费用与效益等问题，抓住系统中需要决策的若干关键问题，根据其性质和要求，在充分调查研究和掌握可靠信息资料的基础上，确定系统目标，提出为实现目标的若干可行方案，通过模型进行仿真试验，优化分析和综合评价，最后整理出完整、正确、可行的综合资料，从而为决策提供充分的依据。

4.1.3 系统分析的特点

系统分析是以系统整体效益为目标，以需求解决待定问题的最优策略为重点，运用定性和定量分析方法，给决策者提供正确判断所需的信息资料。系统分析具有以下几个特点。

1. 以整体效益为目标

系统中的各分系统、子系统都具有各自特定的功能和目标，如果只研究改善某些局部问题，而忽视其他分系统或子系统，则很难发挥系统的整体效益，或影响系统整体功能的发挥。因此，从事任何系统分析工作，就必须考虑以发挥系统整体效益为目标，不可局限于个别分系统，以防顾此失彼。例如，在世界杯团体赛上，应以夺取金牌为目标而进行参赛人员的集训和比赛安排，只有相互协调、相互合作、相互支持才能达到系统的整体目标。

2. 以特定问题为对象

系统分析是一种处理问题的方法，以求解决特定问题的最优方案。许多问题都含有不确定性因素，有很强的针对性。因此，在系统分析时需研究不确定情况下解决问题的各种方案所可能产生的结果，例如，足球比赛的排兵布阵，需要针对不同对手、不同的状态等排出不同的阵型，才可能夺取胜利。又如，企业合作伙伴的选取，要根据目前国家之间的关系，不同企业在行业的地位和发展趋势以及竞争伙伴合作的可能性，提出可操作的建议。

3. 以系统价值为判断依据

人们在进行系统分析时，必须对某些事物做出某种程度的预测，或者用已发生过的事实做样本，以推断未来可能出现的趋势或者倾向。由此提供的系统分析资料可能有许多变数，不可能完全合乎事实，有时将影响系统分析的结论。此外，方案的优劣取决于系统定量分析与定性分析的结果，取决于数据与分析者的经验。可见，对系统方案进行决策时仍应综合权衡它的利弊，以它的系统价值作为判断依据，以系统分析所提供的各种不同策略可能产生的效益的优劣，作为选择最优方案的依据。

4. 以定量分析为基础

定性分析和定量分析是系统分析的常用方法，但在许多复杂情况下，仅用定性方法难以取得满意的结果，难以做到胸中有数。需要采用定性、定量相结合的分析方法，并以相对可靠的数字资料为分析依据，以保证结果的客观性和精确性。所以运用系统分析方法研究、分析、处理问题时，必须运用科学的调查研究方法，收集一手资料和利用统计资料，采用科学的计量方法，进行恰当的筛选处理，为科学处理问题奠定基础。

4.1.4 系统分析的本质

在系统科学的体系中，系统分析处于工程技术这一层次上，因此，系统分析是一种解决复杂问题的方法或手段。那么，系统分析到底是什么样的一种方法呢？

(1) 系统分析作为一种决策的工具，其主要目的在于为决策者提供直接判断和决定最优方案的信息和资料。解决问题的关键是决策，而决策的前提是对信息的掌握与判断。系统分析是为解决问题的决策提供以系统思想为基础的综合信息的方法。

(2) 系统分析把任何研究对象均视为系统，以系统的整体最优化为工作目标，并力求建立数量化的目标函数。用系统的观点来理解作为决策依据的信息，可以注意到以下的一些观点：要解决的问题在系统中存在；解决问题是对系统的创建或改造；系统在环境中存在；系统中的问题在功能、结构、环境的关系中表现出来；解决问题的决策涉及所追求的目标、可达到目标的方案及方案的选择标准等。

(3) 系统分析强调科学的推理步骤，使所研究系统中各种问题的分析均能符合逻辑的原则和事物的发展规律，而不是凭主观臆断和单纯经验。实际中，解决问题的决策往往是一个决策序列。例如，为了解决问题要定目标，定目标要决策；为了实现目标要找实现目标的方案，用什么方法找方案也要决策。当宣布解决问题的方案时，即用什么方案去解决问题的决策作出时，已经经历了一系列决策，即大决策包含了一系列的小决策。这样，为了给大决策提供信息的系统分析不仅包括了一些小决策在内。同时，又可看到小决策也需要信息，也要系统分析。这表明系统分析也是有层次的，即为大的决策作系统分析时所涉及的小决策又有下一层的系统分析。

(4)应用数学的基本知识和优化理论，从而使各种替代方案的比较，不仅有定性的描述，而且基本上都能以数字显示其差异。至于非计量的有关因素，则运用直觉、判断及经验加以考虑和衡量。

(5)通过系统分析，使得待开发系统在一定的条件下充分挖掘潜力，做到人尽其才，物尽其用。

由此可见，系统分析的内容是庞大的，系统分析的本身也是不断发展的。针对不同的问题类型会有不同的系统分析方法，针对决策所需特定方面的信息又需特定的系统分析。

4.2 系统分析的内容、程序与原则

4.2.1 对系统分析的基本认识

系统分析是一种仍在不断发展中的现代科学方法，虽然已在很多领域被采用并取得显著成效，但这并不是说，任何问题都可用系统分析来研究，因为还要考虑到经济与时效等因素。因此，在采用系统分析前，应对以下几方面有所认识。

(1)系统分析不是容易的事，它不是省事、省时的工作，它需要有高度能力的分析人员，辛勤而漫长时间的工作。

(2)系统分析虽然对制定决策有很大的助益，但是它不能完全代替想象力、经验和判断力。

(3)系统分析最重要的价值，在于它能解决问题的容易部分，这样决策者就可集中其判断力，来解决较难的问题。

(4)系统分析基本上是以经济学的方法来解决问题，虽然其中所包括的经济学原理相当简单，但要用之解决问题，则必须具备有相当的经济学知识。

(5)对任何问题，通常均有不同的解决方案，应用系统分析研究问题，应对各种解决问题的方案，计算出全部费用，然后再进行比较。

(6)费用最少的方案，不一定就是最佳的选择，因为选择最佳方案的着眼点，不在“省钱”而在“有效”。

4.2.2 系统分析的目的

图4-1非常直观地描绘出系统分析工作的目的性，即通过系统分析可以找到解决问题、实现目标的好方案。

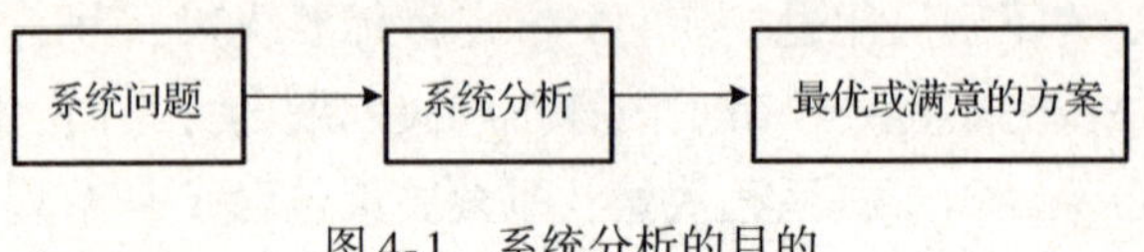

图4-1　系统分析的目的

4.2.3　系统分析的内容

在分析问题时，往往先要定下几个方向，按照每个方向依次进行探讨就容易找到解决问题的线索。通过一系列的提问解答，即采用“5W1H”(Why、When、Where、Who、What、How)的做法，作为选择系统分析问题方向的一个方法，来指导某个问题的研究。例如，接到一个系统开发项目的任务，接下来就必须设定问题。如果通过“5W1H”的自问自答，就容易抓住问题的要点。

(1)这个项目为什么需要(Why)？

(2)它在什么时候和在什么样的情况下使用(When)？

(3)使用的场所在哪里(Where)？

(4)是以谁为对象的系统(Who)？

(5)项目的对象是什么(What)？

(6)怎样做才能解决问题(How)？

这样的疑问句，除了以上几条还能想出许多。在系统开发的各个阶段所要解决的问题应从宏观逐渐转向微观。因此，针对这些问题的回答也要按照各个阶段进行改变。

通过类似的逻辑推理过程，基本可以确定系统分析的内容要点。从研究的过程来看，系统分析的主要内容包括：收集与整理资料、开展环境分析；进行系统的目的分析，明确系统的目标、要求、功能，判断其合理性、可行性与经济性；开展系统结构分析，剖析系统的组成要素，了解它们之间的相互关系及其与实现目标间的关系，提供合适的解决方案；建造系统分析模型、进行仿真和模拟试验，分析不同条件下系统可能的结果；评价、比较不同方案和进行系统优化；提出系统分析的结论和建议等。

当然，这些过程可以根据系统的复杂程度加以选择，并非在每次系统分析中全部需要涉及。对于一些简单的系统分析，很可能通过逻辑思维的构建与推理即可解决问题，不需要构建复杂的数理模型进行系统仿真实验。尽管系统分析中含有系统建模、系统评价和系统仿真等，但是它们本身就是一个完整的系统工程方法，能够用于处理特定的系统问题。

4.2.4　系统分析的要素

系统分析的要素很多，RAND 代表人物之一希奇对系统分析的要素做了以下概括：

(1)希望达到的目的和目标；

(2)为达到目标所必需的技术和手段；

(3)系统方案所需的费用和可能获得的效益；

(4)建立各种备选系统方案及其相应的模型；

(5)根据有关技术经济指标确定评价标准。

这五个要点后来被人们总结为系统分析的五个要素，即目的和目标、方案、费用和效益、模型、评价标准。

1. 目的和目标

目的是决策的出发点，为了正确获得决定最优化系统方案所需的各种有关信息，系统分析人员的首要任务就是要充分了解建立系统的目的和要求，同时还应确定系统的构成和范围。系统的目的和目标是建立系统的根据，也是系统分析的出发点。目的和目标分析的主要内容包括：分析建立系统的根据是否正确可靠；分析和确定系统的目的和目标；分析和确定为达到系统的目的和目标所必需的系统功能和技术条件；分析系统所处的环境和约束条件。

2. 方案

一般情况下，为实现某一目的，总会有几种可采取的方案或手段。这些方案彼此之间可以替换，故叫做替代方案或可行方案。例如，要进行货物运输，可以选择航空运输、铁路运输、水路运输和公路运输几种方式，同时还存在不同运输方式之间的组合运输方式，而这些方案针对货物运输的目的（安全、经济、快捷），总是各有利弊的。究竟选择哪一种方案最合理？这就是系统分析研究和解决的问题。通过对备选方案的分析和比较，才能从中选择出最优或次优的系统方案，这是系统分析中必不可少的一个要素。备选方案越多越好。应该注意，“什么也不干”也是一种方案，在确认别的方案比它优越之前，不应轻率否定它。

3. 模型

所谓模型，就是对于系统的主要要素及其相互关系的本质性的描述、模仿或抽象，是方案的表达形式。是对实体系统抽象的描述，它可以将复杂的问题化为易于处理的形式。即使在尚未建立实体系统的情况下，我们可以借助一定的模型来有效地求得系统设计所需要的参数，并据此确定各种制约条件，对系统的有关功能和相应的技术进行预测，并作为系统设计的基础或依据，或者用它来预测系统方案的投资效果和其他经济指标，或者用它来了解和掌握系统中各要素之间的逻辑关系。

在系统分析中常常通过建立相应的图像模型（如框图、网络图）和数学模型来计算和分析各种备选方案，以获取各种方案的品质和特征的信息。

4. 费用和效益

开发一个大系统，需要大量的投资费用，而系统建成之后就能产生效果，带来可观的效益。费用和效益是分析和比较抉择方案的重要标志。用于方案实施的实际支出就是费用，达到目的所取得的成果就是效益。如果能把费用和效益都折合成货币形式来比较，一般说来效益大于费用的设计方案是可取的，反之则不可取。应当注意，各种方案的费用和效益构成可能很不一样，必须用同一种方法去估算它们，才能进行有意义的比较。

5. 评价标准

所谓评价标准就是系统分析中确定各种替代方案优先顺序的标准。通过评价标准对各方案进行综合评价，确定出各方案的优先顺序。评价基准一般根据系统的具体情况而定，但标准一定要具有明确性、可度量性和适当的敏感性。费用与效益的比较是评价各方案的基本手段。明确性是指标准的概念清楚、具体。可度量性是指标准尽可能做到定量分析。适当的敏感性是指标准在多目标评价时，应力求找出对系统行为和输出较为敏感的输入，以便控制该输入来达到系统最佳行为或输出的效果。

4.2.5 系统分析的程序

任何问题的研究与分析，均有其一定的逻辑推理步骤，根据系统分析各要素相互之间的制约关系，系统分析的步骤可概括为以下几个。

(1)问题构成与目标确定。当一个研究分析的问题确定以后，首先要将问题作有系统与合乎逻辑的叙述，即对问题的性质、产生问题的根源和解决问题所需要的条件进行客观的分析，然后确定解决问题的目标，说明问题的重点与范围，以便进行分析研究。目标必须尽量符合实际，避免过高和过低。目标必须具有数量和质量要求，以作为衡量标准。

(2)搜集资料探索可行方案。在问题构成之后，就要拟定大纲和决定分析方法，这是解决问题的预备。为了更好地解决问题，需要对问题进行全面、系统的研究。因此，必须收集与问题有关的数据和资料，考察与问题相关的所有因素，研究问题中各种要素的地位、历史和现状，找出它们之间的联系，从中发现其规律性，寻求解决问题的各种可行方案。这一步工作的好坏，关系到整个系统分析工作的质量。

(3)建立模型(模型化)。根据系统的目的和目标，建立对象系统所需的各种模型，表示出系统的行为。根据不同的目的和要求，应建立各种不同的模型。利用模型预测每一方案可能产生的结果，并根据其结果定量说明各方案的优劣与价值。模型的功能在于组织我们的思维及获得处理实际问题所需的指示或线索。模型充其量只是现实过程的近似描述，如果它说明了所研究的系统的主要特征，就算是一个满意的模型。好的模型应能满足以下这些要求：能明确地记述事实和状况；即使主要的参量发生变化时，所分析的结果仍然具有说服力；能探究已知结果的原因；能够分析不确定性带来的影响；能够进行多方面的预测。

(4)综合评价。利用模型和其他资料所获得的结果，对各种方案进行定量和定性的综合分析，显示出每一项方案的利弊得失和成本效益，同时考虑到各种有关的无形因素，如政治、经济、军事、理论等，所有因素加以合并考虑和研究，获得综合结论，以指示行动方针。

(5)检验与核实。以试验、抽样、试行等方式鉴定所得结论，提出应采取的最佳方案。

在分析过程中可利用不同的模型在不同的假定下对各种可行方案进行比较，获得结论，提出建议，但是否实行，则是决策者的责任。

任何问题，仅进行一次分析往往是不够的，一项成功的分析，是一个连续循环的过程，如图 4-2 所示。

(6)实施方案。这是解决问题的实际阶段。实施过程中，要根据出现的新问题，对方案进行必要的调整和修改。为了防止实施过程中可能出现的不平衡和偏差，需要对全过程实行系统控制，直到问题完全解决。

(7)总结提高。问题解决后，需要对解决问题的全过程进行综合分析，为解决新的问题提供可借鉴的经验。

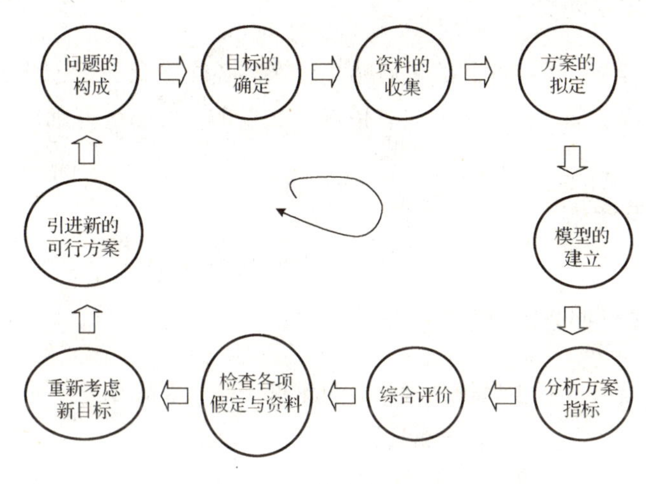

图 4-2　系统分析的步骤

4.2.6　系统分析的原则

系统分析要解决的问题，常常是错综复杂而又困难的。在分析时往往有许多前提条件需要做出假设，且有许多因素是随时变化的，分析过程中又不断受分析人员和决策人员价值观的影响。因此，在进行系统分析时应当遵循以下的一些原则。

1. 坚持以系统的目的和目标为中心

在对系统方案进行分析并作出选择的过程中，必须紧紧围绕系统的目的和目标。脱离系统的目的和目标而盲目追求技术先进化、投资费用节省化、社会效益高回报化都是不正确的。对系统目的和目标的理解与掌握越透彻，越能在错综复杂的环境下，正确地选择所需要的最优方案。

2. 局部与总体相结合

在进行系统分析时，必须把要解决的所有问题看作是一个总体。但具体分析时，我们的一个主要任务是要努力揭示出系统中各局部问题之间的相互关系，以及各局部问题对全局所产生的影响。如果分析人员把系统中各种要素之间的关系揭示得越清晰越透彻，那么提供给决策者的信息就越全面越可靠，且越有价值。同时在系统最优化时，从系统总体出发，各子系统的最优选择必须服从系统的总体优化，必要时甚至放弃个别子系统的最优来达到总体最优的目的。

3. 定性和定量相结合

定量分析、数量化指标的满足程度，是我们评价系统方案优劣的重要依据。但是一些政治因素、心理因素、社会效果等，不一定都能建立定量模型进行分析，因而不能忽视人在系统分析中的积极因素，即不能忽视分析人员和决策者通过直观经验进行综合判断的重要性，也就是不能忽视定性分析在系统分析中的作用，系统分析要求定性和定量相结合。

4. 致力于抓住主要矛盾

在系统分析过程中，我们遇到的矛盾错综复杂，必须注意剖析矛盾的机理，从中抓住主要矛盾并提出解决矛盾的途径、方法和措施。必要时，大胆舍弃细节，以求问题的整体把握。

4.2.7 应用案例

案例 4-1 美国兰德公司网络战争分析

下面以美国兰德公司网络战争分析报告为案例，讨论系统分析方法论在网络战争分析中的应用。

1. 问题的构成和目标的确定

网络及信息媒介在经济和国防建设当中拥有举足轻重的作用，如何对其进行有效的安全保障，已成为一项重要的利益问题。鉴于网络空间对经济及军事力量的重要性，对这种信息媒介的保护已经变得至关重要，甚至关乎国家利益。有些网络攻击者的目的是金钱，有些是为了窃取信息，还有一些是为了扰乱攻击目标的行动。未来的战争极有可能部分地甚至是完全在网络空间内展开。美国空军第24航空队及美国网络战司令部的成立，标志着网络空间与传统的陆地、海洋、天空及太空一样，成为军事领域的一种。目标是确保具有打击别国和防御别国打击的能力。美国空军需在网络战争中做出大量决策，由于网络空间独有的特点，不能生搬硬套地运用其他传统战争形式的决策方式。在这个目标下选择什么样的网络战决策方式，是美国空军在发展网络战新能力时需要考虑的关键问题。

2. 资料收集

(1) 网络空间和网络攻击的特点。计算机系统只能严格按照其设计者与操作员的意愿来执行各种功能，事实上它的一切行动只依赖于自身指令或系统设置。网络攻击是依靠欺骗进行、诱使系统做出违背设计者初衷的事情。归根结底，系统遭到入侵，是因为系统自身存在缺陷，所有攻击系统的路径都是由系统自身提供的。

(2) 不同战争形式的作战决策选择。当国家面临无法拒绝的威胁时，可以有三种选择：防御、解除对方武装或者威慑。在陆地战争中，作战重点是解除对手的武装，其次是防御；在海战中，防御只发挥非常小的作用；早期的空战将主要决策考虑聚焦于威慑，后来朝着"防御－解除对方武装－威慑"三角形的中心移动；在核时代，防御几乎成为不可能，决策重点在于威慑；在网络战中，解除对方武装是不可能的。

(3) 网络战经费的投入情况。绝大多数的经费花在防御上。美国空军第24空军司令洛德提出，将85%的网络行为用于防御，另外15%是针对地方网络战能力的攻击行为。即使是具有明确网络进攻任务的美国国防部，也需要花费更多的投入用于网络防御而非进攻。

3. 可行方案及其评价

在网络战争中，可行的战争模式有以下几种：威慑、防御、战术网络战和战略网络战。

(1) 网络威慑问题重重。首先，网络威慑无法像核威慑一样有效。在美国考虑网络报复时，很多在核威慑甚至是传统威慑领域都丝毫不构成问题的，在网络空间内就成了问题，如溯源、预期反应、持续供给能力以及反击选择有限等问题都是影响网络威慑的重要障碍。其次，威慑的可信度依赖于优秀的防御能力。防御能力越强，地方的网络攻击越难成功，那么网络威慑策略就越少被考验，获得越多的可信性。此外，优秀的防御能力也能够增强美国报复威胁的可信性。当考虑使用网络威慑手段时，应考虑先用尽其他手段，如外交手段、经济手段及法律手段。

(2) 防御。网络防御的目的是在面对敌人进攻时确保该军事实力的正常发挥。如果能够完全排除所有的网络危害，当然能够达到目的。如果无法做到这点，那么网络系统的鲁棒性(包括可恢复性)、完整性，以及保证机密性的能力则是退而求其次的实际目标。此外，如果第三方攻击者不具备国家黑客的精深攻击能力，那么优秀的防御能力具有过滤作用，消除第三方干扰，溯源工作会更容易。要想避免一个军事系统被网络攻击击败，就必须了解该系统可能出错的方式，必须在机器逻辑层面与操作面(也就是说作战层面)积极发现故障，而军用网络需要的大多数网络防御工具与技术都与民用网络相同。

(3) 战术网络战指的是在战争期间针对敌方军事目标发动的网络攻击。由于破坏性的网络攻击能够推进或放大实体攻击的效果，并且战术网络战的成本相对低廉，因此值得发展。然而，实施成功的网络战不仅需要技术，还需要重复了解敌人的网络，包括技术层面与战术层面，后者甚至更重要。在战术网络战中，网络攻击是否可行及攻击效果预测准确度都取决于目标的复杂性。在最理想的情况下，也只能迷惑、阻挠地方军事系统的操作人员，并且这种效果也是暂时的。战术网络战适合用于一次性打击行动，而非长期战役，美国空军应该保守使用。

(4) 战略网络战指针对地方国家基础民用设施进行的网络战。从被攻击方角度来看，当系统受到攻击后，他们可以很快发现系统中的漏洞并进行修复或隔离，如此一来系统就变得更加牢固、难以击破；从攻击者角度来看，必须要考虑如何防止网络战争升级为武力对抗，即使是战略性的武力对抗，此外如何结束网络战争也是个麻烦。由此看来，单独依靠战略网络战，只能骚扰敌人，不能解除他们的战斗力，战略网络战不应该被置于优先发展的地位。

综上所述，网络防御仍然是美国空军在网络空间内最重要的活动。虽然保护军事网络所需要的大部分知识都与民用网络的防御知识相同，但是二者还是有很多不同。因此，美国空军在规划建设网络战目标、体系结构、政策、战略以及战术能力时，必须认真考虑。

资料来源：(美)利比基著，薄建禄译. 兰德报告：美国如何打赢网络战争，上海：东方出版社，2013。

4.3 问题分析技术

4.3.1 问题分析概述

问题分析是以系统思想指导解决问题的一种方法，它还把经验纳入到一种规范的结构中，比单纯依靠经验解决问题更有效。问题的类型较多，从时间上可以分为发生型、探索型和设定型。以目的来分又可以分成问题解决型和课题达成型。文中涉及的问题类型是比较单纯的，然而却是发生频率较高的。相对于正常状况而言，未达到预期绩效或绩效低落且原因不明就可视为出了问题。问题分析技术是在探讨及处理绩效低落的过程中，资料收集、分析、思维协调的系统方法，其目的是要找出真正的原因。

现实中存在着许多问题分析技术的处理对象，例如，

"车间里的 A 号机床，加工效率始终未达到设计标准的 70%，试过多种方法，但仍没能解决问题。"

"公司的主流产品智能手机的返修率提高。"

并不是任何问题都可以用问题分析技术解答，譬如"公司目标利润要比去年增长 20%，但公司潜力有限，是个大问题"。

绩效下降问题的结构，如图 4-3 所示。

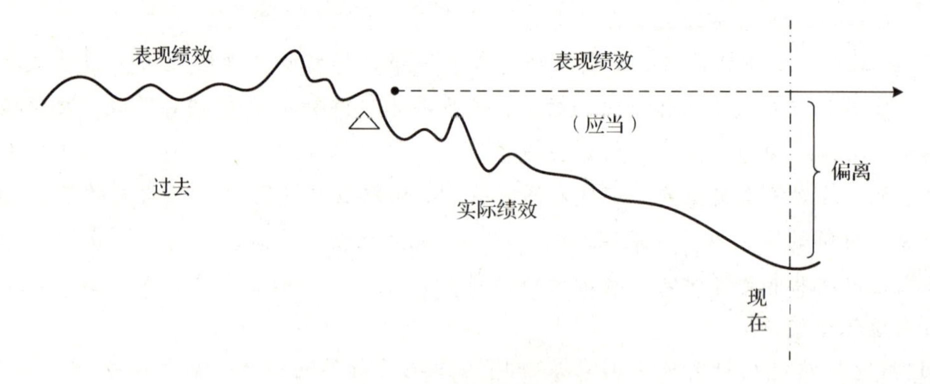

图 4-3　绩效问题的结构

从系统的角度来看，导致绩效下降问题的原因，可以看成是某一系统的功能出了问题。根据结构决定功能以及功能与环境的关系可知，其成因可归结为某一系统的结构出了问题，或系统运行的环境出了问题，也可能是输入的变化。根据系统的层次性原理，事物可以从许多层面上当成一个系统，因此，即使知道实体系统的功能有了问题，仍然需找到问题存在的层面。例如，某企业的利润出了问题，到底在什么地方出了问题呢？该企业中的人事管理系统、产品质量管理系统、财务系统或市场环境都可能导致利润出问题，到底是哪个呢？因此，找出问题的产生的根源可归结为两步：首先找到功能不正常的那个系统；其次找出差错的具体位置。

4.3.2 问题分析技术的结构

问题分析技术的结构如图 4-4 所示，具体步骤主要有以下几个。

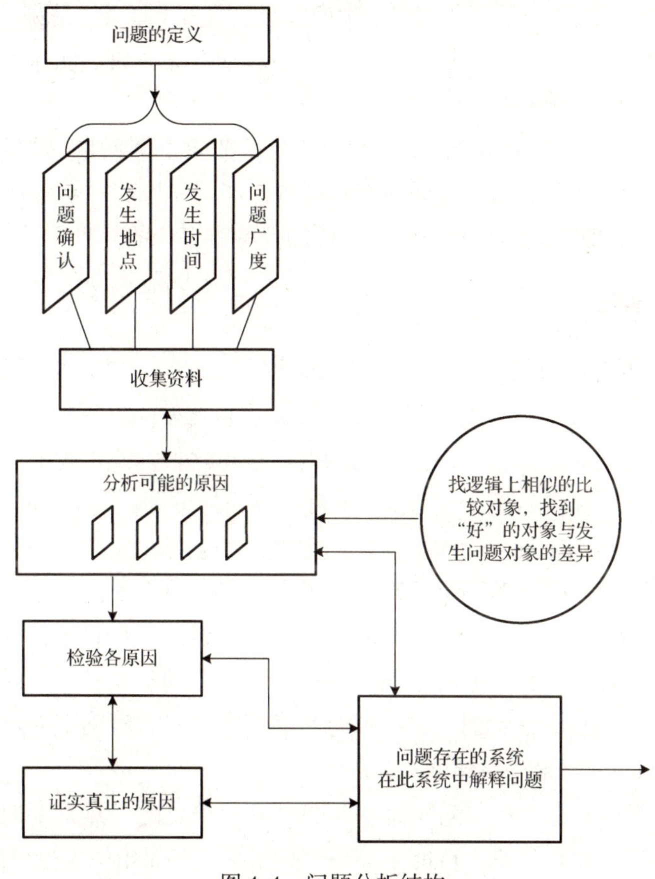

图 4-4　问题分析结构

1. 问题的定义

问题定义就是确认应有状态和现实的差距，如某种绩效的下降，要确认绩效的下降已超出正常波动的范围。换句话说，就是要明确真实存在着一个需要解决的绩效问题。

2. 从四个方向来收集资料，组织信息

从原理上说，任何解决问题的方法总是包括收集信息与分析信息的过程。不同的方法,在收集信息与分析信息方面会有特定的技术。兰德问题分析技术在收集资料方面，形成了一套技术，主要从以下四个视角来组织资料。

(1) 问题的确认，即发生问题的对象与范围的缩小。例如，某公司销售缝纫机，如已在问题定义中肯定了缝纫机的销量下降，可能该公司销售多种型号的机子，是否每一型号的机子的销量都下降呢？就要在型号的意义下确认问题，如“A 类机型下降，其他正常”，就属于问题确认的内容。又如，一电视机出了问题，如果确认为“不出图像”，也是问题确认。一般开始定义问题时的信息可能是比较泛的，需进一步确认出问题的具体对象。例如，一个总经理所看到的数据往往是综合的数据，如果看到销售利润下降，在对象与范围上市值得作进一步深究。

(2)发生地点，即从空间方面来描述与记录绩效下降问题。例如，缝纫机的销售可能有许多地域市场，如华东市场、西北市场、中南市场、欧美市场等，是哪一地域市场出了销售问题呢？需进一步确认。又如，某企业一台大型数控机床失常，就应把该机床的空间位置描述出来，如“在车间中间的机床失常”。

(3)发生时间，即从时间特征方面来描述与记录绩效下降问题。如问题的首发时间，随时间变化问题的变化规律，是否有周期性规律等。

(4)问题的广度，即问题的严重程度，问题的范围有多广的信息记录。

3. 分析可能的原因

对上一步获得的信息加以处理，分析可能的原因是该技术的关键，用什么方法来处理信息呢？采用的方法是找出逻辑上相似的比较对象进行比较。针对四个方面的信息，把有可比性的没有出差错的对象与出了绩效问题的对象进行比较。找出没有发生问题的对象与已发生问题的对象在广义的时空上、功能上、对象方面的差异，或以时间、空间、功能为线索把已发生问题的对象与未发生问题的比较对象之间的差异找出来。

例如，A 类缝纫机销售下降，而 C 类与 A 类是同档次的机型，C 类的销售并没有下降，那么就有 A 类与 C 类销售地点上有无差别的辨认。又如，A 机床与 B 机床是同一厂的产品，A 机床的运行有问题而 B 机床却没问题，B 与 A 又是同类机床，这样就可以在 A 与 B 之间进行差异比较。任何系统的时间结构或过程总是重要的，时间上差异的比较就包括过程与流程上的(广义时间上的)差异。

实际上，没有发生问题的比较对象是一个参考系，重要的一点是要对可比较性进行把握，两个完全一样的对象在理论上可能不存在，但在某一方面相似是可以的。

其实这种思路在日常生活中也是常用的。例如，室内灯突然熄了，可能马上出门看看其他房间的灯是否亮着，以此就能找到是室内电路电器的原因还是停电的原因。再如，某人打字速度慢，找一个快手比较一下动作的差异，就可找到速度慢的原因。

在几个可比较对象中进行差异比较，而要找的原因就包含在差异中，这是比较的信念。围绕四个方面找一些对象列出差异，这是该方法处理信息的核心技术。

通过提问“有什么不一样”或“有何特异之处”可以找到一些不一样的信息，而这些信息往往能带出可能的原因。例如，A 车床在车间中间位置发生了故障，而 B 车床在车间角落里没有发生故障，就有了“所在的位置不一样”，也许会使人想起“这两个车床使用的不是同一路电”，导出电路有问题是一个可能的原因。

4. 对可能的原因进行检验

上一步得到了一些可能的原因，这一步就是要用排除法筛选，找出最可能的原因。有较多的方法可以实现这一目的。一种常用的方法是把各原因中对问题发生的现象解释能力最强的原因首先列出。同样也可用“如果是这种原因，就该有 a 现象，而现在没有 a 现象”

来排除部分原因。实际中，有时在现场可以用改变原因的方法来检验，如对前面所说的猜测电路可能有问题，可把角落的电路接到车间中间位置的车床上试试。

5. 证实真正的原因

排除或者列出重点原因之后，这一步就要进一步证实真正的原因，这可能又要组织另一些信息或进行推理。

例如，某公司两台同型号的装卸机，A 机正常，B 机不正常。后来发现 A 机在一个加油站加油，B 机在两个加油站加油，而不正常出现在某一加油站加油之后。一个可能的原因是该加油站的油有问题。到底是不是油的问题呢？就可直接检验了。

检验表明，兰德问题分析技术由一个小团队使用时效果更好。当然，要求这个小团队的成员均掌握这种技术，这样可以有共同的思路。有时，当这一小团队中有所谓外行人参加时，可能会更有效果。

4.3.3 应用案例

案例 4-2 一号机的漏油

"为什么"这个简单问句，不足以代替"问题分析"技术中的四个问句。然而每当出了差错之后，我们的直接反应就是"为什么"，然后便在一大堆答案中寻找，希望能够立刻找出问题的真正原因。老板雇用员工，是因为他们具有专长和经验。如果对于作业中所发生的问题不能找出答案的话，这些人将丢掉他们的工作。因此"为什么"这种反应，被认为是正常的。

一家大型食用油脂加工厂拥有五套滤油设备，并且分别由五组人员加以操作。有一天，一号机领班发现一号机漏油，使得地面到处都是油。"为什么?"领班立刻要求找出原因。"为什么?"组员也响应。"可能是由于油阀开关受震动而松开所致。"一位技师说道。于是需检查过油阀门开关及相关管路。

第二天油仍不断漏出。一名机工确定了出渣舱为漏油处，但仍不知原因所在。为安全起见，该名机工将刚换过的新封隙垫片另外换上一片新的。结果，出渣舱仍然继续漏油。

这时，有人提议说，可能是因操作程序在清残渣后，未加以锁紧所致。因为，以前曾发生过有人未将标准操作程序规定的标准扳手加以锁紧，导致漏油而被记过事件。然而在重新锁紧后，出渣舱仍然继续漏油。

隔天，厂长集合五部滤油设备相关的全部工作人员，一起将一号机停机并分解，试图集众人的经验、技术与智慧，找出漏油的真正原因。

如果不是这位厂长开始有系统地考虑此问题的话，漏油可能永远无法停止。"这些新缝隙垫片有什么不对劲?"这个问题使大家发现，一号机的垫片怎么会是方形的？其他机都是使用圆形的。

于是，厂长下令调查：垫片是何时开始装上去的？该垫片的用途及规格是否有问题？结果查出来，一号机的确是在装上该垫片后，才开始漏油的。同时，还查出此种方形垫片虽比原来的圆形垫片单价低，但厚度较厚，显然并不适用于一号机上。而采购单位当初也没询问清楚，在完成公司规定的比价程序后，即加以采购。

这一点使得每一件事情都有了不同的意义。现在再也没有人对这个现象问“为什么”了。他们反而将注意力集中于“方形跟圆形垫片的比较之下，有何特异之处”，他们开始注意与厚度有关系的可能变化，大家立刻注意到一项特异之处：“厚度较厚，显然并不适用于一号机上。”

该工厂如果继续问“为什么”可能永远找不到这项问题的原因。然而一旦有人提出“何时”这个问题，而且得到解答之后，参与解决问题的人，便能将他们的技术专长集中于最能发挥作用的地方。

不管问题的内容如何，要寻找特殊而精确的答案，需要能够提出特殊而精确的问句。

4.4 潜在问题分析技术

4.4.1 潜在问题分析的含义

潜在问题分析是一种思考模式，使我们能够改变和改善未来的事件。它是一种有系统的思考过程，使得我们能发现和应付那些如果发生将造成伤害的潜在问题。它关注一个系统、一个组织或一项活动将来的运行状况，将来会发生的有碍于正常运行的事，目的是为了做到事前采取必要的防范措施。

对一项活动、一项决策实施的可能后果及实施过程中的不可控事件或偶发事件进行预计是科学决策必不可少的步骤。当然，未来的事件也可能是意外的好事，而潜在问题分析技术所关注的主要是有碍于正常运行的事。

例如，筹划一次旅行时，旅途中天气的突然变化就是一个潜在问题。又如，组织一次庆典，计划中的某位重要人物缺席的可能性也是一个潜在问题。

系统运行的良好现状当然重要，然而未来的正常运行同样重要。一个管理者或是发现了影响未来的某些征兆而抓住了机会，也可能没有在必要的时机采取措施而最终造成灾难。实际上，几乎没有必要在理论上讨论关注未来的重要性的问题，人们普遍关心的是应该如何关注未来的问题，或者说是有效地关注未来的方法问题，或者说是对潜在问题的思考模式。

潜在问题分析使我们能够走进未来，看看未来可能发生的与系统运行有关的情况，然后再回到现在，在最能发生效果的时机采取行动，而不是听其自然，在事后抱怨运气不好，也就是以今天的有意识的努力对将来的正常运行起到保护性作用。

当然，潜在问题区别于现实问题，潜在问题对现在的压力是将有可能造成的损失为表现形式，急功近利者很可能会忽略对潜在问题的重视。

4.4.2 潜在问题分析的要素

潜在问题分析技术有两个基本方面，可从这两个方面展开对潜在问题的系统思考。一个方面是系统正常运行的各环节有什么因素可能会出错；另一个方面是现在能做些什么来对付它。

具体地说，潜在问题分析技术由下列四个因素构成。

(1)找出一项计划、作业、方案、系统运行的弱点或薄弱环节。现实中的系统，往往会在某些方面或对外界的某些因素的变化更敏感。例如，做得最好的气球，总存在一些薄弱点。

这一步可按过程来展开，即把系统运行(一项活动)过程中的各个要素或环节描述出来，当然会用到系统结构分析的技巧。

(2)从这些弱点中找出对系统的运行能够产生相当大的不利影响而值得现在就采取行动应付的潜在问题。

例如，在夏天卖西瓜，很自然的一个弱点是西瓜的保存成本很高，而使这种弱点产生较大影响的是天气的突变，如气温下降太快或连续几天阴雨等。

(3)找出这些潜在问题可能产生的原因和能够防止它们发生的行动。有些潜在问题的原因是可以改变的，例如，一座桥梁，由于特殊的振动频率引发共振是一个潜在问题，过桥的列队士兵齐步走就是一个潜在的可能原因，要求队伍过桥走便步就是一种防止行动。

如前面所说的卖西瓜时的天气变化，虽然也可找到原因，但可能是无效的，即使找到原因也是不可改变的。因此就要越过原因的讨论而直接寻找防范的办法。

(4)如果预防行动失败，或任何预防行动都无效，如何紧急应变。

紧急应变的设想，自然是设想第三项活动中的行动未达到效果的情况，这一步活动使得在最严重后果发生时不至于措手不及。也许通过这一步的活动，可使防范行动体现出价值，对重大的不允许冒风险的计划往往都应制定几套应急方案。

4.4.3 潜在问题分析的价值思考

对潜在问题分析的价值往往是对风险的防范。但是，用一定的资源去防范潜在问题，甚至花精力去分析潜在问题都是有成本的。这样就导致了一个成本与收益的问题。而所谓的收益是从降低风险中转化来的。因此，花太大的代价去防范不太可能发生，也不会产生严重后果的潜在问题当然是不必要的，有时甚至花时间去研究潜在问题可能也是不值得的。这就需要进行综合分析，既要有防范之心，也不能畏缩不前。对潜在问题分析深入下去可能成为一个风险分析。

4.4.4 应用案例

案例4-3 工厂落成典礼

一座耗资百万美元的超级标牌工厂即将于上海地区落成。由于此标牌工厂为该地区首创之举，且将于今后要负起当地模范工厂的示范，及担当着对国外重要贵宾开放参观的重要工作。因而典礼当天，将有许多当地政要、商贾名流、国际巨星、国外客户，以及一位来自日本的著名管理权威吴博士剪彩，并同时由吴博士发表演说。

因此，该企业负责人李总经理指示公关部麦经理，运用潜在问题分析的程序，负责规划此次千载难逢的新场落成典礼。

对容易出问题的地方提问

麦经理预设典礼将于新厂的前广场上举行，所问的第一个问题便是："就这个典礼的成功而言，最易出问题的地方在哪里？或者使此盛会不能顺利举行的因素有哪些?"他从经验、判断和常识中，列出了以下这些最可能的答案。

(1)天气：下雨或强风可能干扰典礼的进行。

(2)人物：节目中的大人物可能不来。

(3)设备：设备可能不够到场的大批参观者使用。

(4)混乱：人们可能不知道要往哪里走或怎么办?

(5)外观：会场可能零乱不整洁。

像这类情况，都可能使典礼无法按照预定计划进行。举例来说，来自日本的著名管理权威吴博士将发表演说，如果吴博士到场演说，可能没有问题。如果这位管理权威迟到或缺席，节目便将受到影响。找出潜在问题的方法，常常是审视人们已经计划要做的事情，然后想想看，如果计划崩溃的话，什么事情会使我们受害最大。

另外一种找出计划中潜在问题的方法，便是按时间进度逐项观察，将计划的每一步骤定出来。即，"从现在到整件事情结束，我们必须完成些什么事情?"当我们将这些步骤都定出来之后，那些可能发生问题的地方，便会整件显现出来。任何以前没做过的事情，都可能发生问题。此外，任何责任或权力重叠的活动，也一样可能发生问题。这些地方都很可能将潜在问题真正变成问题。另外，负责人遥控而非直接控制的活动，也一样容易发生问题。

麦经理所挑出的第一项天气就是某种不测之事。一个人无法计划天气，他只能假定天气最可能怎样。落成典礼的整个计划，都是以良好的天气为根据，那么如果天气不好怎么办呢?

没有任何计划能够完全按照所想象的那样进行。因此我们可以百分百地认为，这一落成典礼计划会出现脱节和遗漏的地方。大部分的疏漏，都为人所忽视，并且很快就会被人忘记了，然而有些却是让人永难忘怀的恐怖故事。我们大家都可能听过以这种话开头的故事："记得那个在上海成立的超级标牌工厂的落成典礼吗?"找出计划中那些极易出错的地方，可以避免增加这类供茶余饭后聊天的掌故。危及整个盛会成功的危险事件并不会太多，因此我们没有借口不去把它们找出来。

定出一项计划的步骤，以便找出问题，与单纯地将所要做的事情列出来，这两者之间有很大的差距。在"潜在问题分析"中，先找出容易出问题的地方，进而找出可能发生的特定问题，接着我们便能够找到应采取的特别行动，这正是意愿与具体方法大不相同之处。

找出特定的潜在问题

要找出特定的潜在问题，我们必须明确指出个别事件的时间、地点和程度等，这些个别事情是我们所找出的最可能出差错的事情。例如，只说天气容易出问题，那就太笼统了。关于天气，有什么特别容易出差错的事没有?如果考虑到季节、月份因素的话，这一落成典礼可能会受到两个特别潜在问题的威胁，即暴风雨和风。暴风加上倾盆大雨可能会在傍晚发生，气象统计证实有10%的几率，可以说高到不能予以忽视的程度。大风加上飞沙及尘土，则没有那么严重，气候统计的几率是不到5%。

天气这一潜在问题的范围缩小至"傍晚的暴风雨有10%几率"之后，麦经理便有具体的东西可以让他使用了。他可以考虑一些措施，评估暴风雨对他的计划所可能产生的威胁。然而为了节省时间，他认为大风的威胁太微不足道，不值得让他进一步考虑。

麦经理所找出的第三项问题，则是"设备可能不够到场的大批来访客人使用"。他把注意力转向两种设备，即供大人物使用的，以及供一般大众使用的。在每一项大标题下面，他都列出一些特别的潜在问题。就一般大众所使用的设备方面，他想出了以下这些潜在设施不足的问题。

(1)汽车及观光巴士的停车空间不足，会造成严重的拥挤及混乱。

(2)没有足够的卫生设备容纳人群，许多卫生设备都是在封锁的安全区域内。

(3)在典礼区域没有大水龙头。

(4)座位不足。

(5)垃圾桶或垃圾容器不足。

这些特别的潜在问题，每一个都可以详细描述，每一个都可以独立评估：对于这一盛会的成功而言，有多严重的威胁？几分钟之后，这位主管便列出一张特别问题的清单，这些问题都是确保典礼成功所必须要处理的，现在他可以开始思考所要采取的行动了。

找出可能的原因和预防性的行动

任何分析潜在问题的人，都可以采取两种行动，即预防行动和应变行动。预防行动的效用，是除去一项造成潜在问题的可能原因。应变行动，则是降低无法预防问题的影响。预防行动显然要比应变行动有效率得多。

这位主管首先寻找方法，以防止他们找到的每一个特殊潜在问题的发生。有什么方法可以预防雷雨发生吗？没有办法，不过他可以防止雷雨扰乱典礼的进行。由于风雨通常发生在下午，因此他便将演讲时间重新安排，使典礼在下午一点过后就结束，然后参观活动可以在典礼之后开始。这样，即使那天下雨的话，也不会有什么妨害。

另一个特别的问题，则牵涉到管理权威吴博士，也就是典礼的演讲人。他可能会迟到或在最后一分钟取消演讲，这对节目的进行影响很大，于是这位主管安排一名属下在典礼前两周、一周，以及两天前，打电话给吴博士，确定没有任何变卦。同时，他也要这名属下跟其他贵宾保持联系，以确定他们是否如期参加。

"设备不足"这一问题，则的确在他的控制范围之内。他清理了一些区域，并予以标线作为临时停车场。他还向当地一家营造商租用了一些流动厕所。临时性的水龙头都装好。垃圾桶则从该机构其他地方借来，置于典礼区四周。额外的座位也予以妥当安排。一点一点地，他改正了所发现的不足之处。

在他那一长串的潜在特别问题中，大部分都是可以用简单而又低成本的预防行动来防止的。一个典型的问题则是"不知该往哪边走"。该主管的一名下属开车进入该机构，假装以前从未来过，这个行动使他能够检查交通标识是否清楚，以及位置是否恰当等。他发现这里的标识太少也太小，同时又太靠近转角，驾驶员没有时间反应。于是他们印了一些大张的纸板标识，并于典礼当天早上放置于适当的位置上。其他一些指示节目时间的标识，也准备妥当，并张贴出来。由于这些特别潜在问题都是事先找了出来，所以能够找到预防的方法，而且这些方法几乎完全解决了问题。

找出应变计划

有些特别的潜在问题，不能够预防。如果吴博士，经过一再联络，最后仍然没有来演讲，那该怎么办？这位主管安排了一位后援演说者，这个人可以随时替代吴博士上台演讲。事实上，他还为节目中的每一项活动都安排了一个备用活动。他还在演讲台上，搭帆布篷，以防止下雨和烈日。另外，还在讲台附近的一栋建筑内，安排了一处接待区，以备贵宾们碰到下雨时遮蔽之用，这样不管发生什么事，这个盛会都能继续下去。

他向第二家旅馆预订了一些房间，以备贵宾在第一家旅馆所订的房间出差错，或有不速之客光临时使用。他们还要求政府加派车辆，以避免接送贵宾时发生问题，该机构一些拥有旅行车的职员，也动员起来组成一个紧急备用队伍。

如果清洁工没有将会场清理干净，他们将再调一队童子军，作为最后一分钟的清洁队伍。该机构答应，日后让他们参观以作为报酬。这些童子军们同意当天留下来执勤，在典礼过程中收集垃圾。他们也额外提供了一些容器，以方便这些童子军工作。

这些应变行动的着眼点，是使无法预防问题的影响减至最低，并处理那些最可能发生麻烦的状况。而这将使这位主管和他的人手，有时间和余力去处理其他意外的问题。他们满怀信心地迎接这个伟大的日子，深信他们已经做了一切力所能及的事，使这一盛会能顺利举行。这个落成典礼，将不会因为纷乱和错误而受到扰乱。

结果

事实上那天并没有提早下雨，到了傍晚，也没有下。那天的天气太好了，以至于参观的人数几乎是预期的两倍。

吴博士这位主讲者，由于家中有人去世，在典礼开始前不到八小时，就取消了这一场演讲。那位后援演说者，如他所承诺的那样上场代替演讲。节目进行得非常顺利，没有一点脱节。临时停车场几乎停得满满的，让每一个人都有位子。交通顺畅，没有发生事故。来宾虽多，卫生设备却也足够。秩序井然，群众相当满意。而童子军们跑进跑出，拣拾垃圾，充分利用了那些额外的垃圾容器。

整个落成典礼从头到尾，都是一项完美的演出，是一个组织能力的模范例子。尽管这件事计划得十分优异，并且很正确地发现了大部分的问题，使那些曾经参观过的人日后都说："记得那个在上海举行的落成典礼吗？真是成功！"但再完美的规划，也仍无法避免意外的发生。

这个故事的启示是，不管你如何努力，你可能还是无法一网打尽。然而如果你能提供一个良好的后援演说者，以及足够的卫生设备，那些参观者将会欣赏你的表演，而原谅那些凭空出现的稀有问题。

要想完全没有意外，是不可能的。潜在分析问题的目的，并不是保证你的方案、计划和盛会能够完全不出差错，如果这样做的话，其成本会超过它的收益。潜在问题分析的目的，就是要将未来的不确定性降低至可以管理的程度，并且避免某些事情的发生。对于这类事情人们常在为时已晚时感叹："当初为什么没有人想到呢？"

4.5 目标的系统分析

目标的确定是系统分析中的关键所在。一般地，建立目标不是一套标准化程序能解决的问题。然而对目标在人类行为中重要作用的透视，对理解目标、建立目标都是十分有益的。本节就目标展开系统性的讨论。

4.5.1 目标的位置

离开目标谈科学决策是难以想象的，目标是决策的一个基本前提。在任何决策中，总可以追究出决策所依据的目标，它们或是明确表达的，或是隐形的，或是不必表达的。有了目标才会有达到目标的方案选择，才会有有效的决策。

系统分析的目的是为了获得决策所需的信息。确定目标当然是系统分析的重要内容。正如霍尔所表达的：正确的目标比选择正确的方案更为重要。如果有一套建立正确目标的普适技术，按此技术操作即可得正确目标，那么这套技术可能是最受欢迎的，但这样的技术是不存在的。

对一个系统而言，从系统的现状出发，设定目标，然后对各个备选方案作出决策，而后开展行动，得到相应的后果。针对目标的有效行为或达到目标的行为产生的后果并不意味着系统现状的改善。例如，一些企业，开发或引进了计算机管理系统，从计算机系统的目标而言是无可指责的，然而就其解决企业面临的问题而言，可能并不令人满意。

我们可以从两个方面来理解正确目标，即行动选择所要求的正确目标与系统的现状改善所要求的正确目标。这两者能否得到较好的协调呢？

系统工程或系统分析的效果，更多地体现于在一组确定的目标下实现这一目标的效果。

系统工程方法从20世纪60年代开始把应用领域延伸到像政策设计等领域的软问题时，发现基于现状所要求的正确目标与指导行动所要求的正确目标很难接轨，即系统工程方法要求的正确目标受到从系统存在状况来看的正确目标的挑战。从存在状态出发进行研究到获得正确目标是十分复杂的研究过程。

从一个系统现状到行动后果的全过程来观察目标，不难发现以下两点：

(1)决策必须依赖目标；

(2)从系统现状确定可行动的目标是困难的。

简单地说，系统面对着“做什么”及“怎样做”的问题。“怎样做”可使用既定目标下的选择技术，而“做什么”却不能像“怎样做”那样用一般性硬技术来解决。虽然技术在向“做什么”的领域延伸，但这种延伸是有限的，人类永远有“做什么”的问题。另外，目标虽然也可以进行选择，但这种选择却排斥优化技术，至少部分排斥。

4.5.2 目标导向的问题类型

现实世界中的一类问题可以由以下方式表达：存在着一个当前状态 S_0 和一个希望状态 S_1，并且有各种方式从 S_0 到达 S_1，则 $S_1 - S_0$ 表示了要达到的目标。目标分析就是要把 S_1 -

S_0用更清楚、更清晰的方式表达出来，同时要求表达出来的目标是合理的、可行的，这类有一个 S_1 为基础的问题成为目标导向型问题。

这种类型的问题是管理决策中较常见的，如企业的利润目标、次品率目标、物耗目标等，都可以用这种表达式表达。但通常情况下，单一目标的情况并不太多，目标导向型的问题往往有一个目标集。

4.5.3 目标的基本要求

目标的基本要求表现在以下几个方面。

(1) 目标的单义描述，即对一个目标理解不能因人而异。例如，某同事委托你，“你这次去香港，请给我带件好的衣服回来。”也许你接到这种委托就会觉得这事难办。

(2) 目标需落到实处。这里的落实并不是指执行目标，而是指一个概括性的目标表达要层层展开，直到落在若干单义的子目标上。例如，“改善城市环境”至少要落实在水质、大气、废物处理、噪声等若干方面。

(3) 目标须有一个衡量达到目标的或达到什么程度的标准，通常用一套评价指标体系来衡量。

4.5.4 目标的层次特点

目标的层次性是系统层次性原理的反映，也可以说导源于决策的层次性。

可以从三个视角来观察目标的层次性，即横向、纵向与时间。

横向反映了系统是由块块组成的。以一家公司为例来说明，在公司最高层，有公司的战略目标；实现战略目标的行动或策略，又是下一层子公司工作的起点与目标的依据，并构成了横向的几个子公司的目标；而子公司中又有往下的横向单位……这样构成了一幅幅横向目标的层次图景。

在系统分析中，对目标需要在上下层次的相关性中加以把握，即分析所在层次目标时，要考虑相关的上层目标及下层目标。上层目标并不能直接转化为决策目标，同时决策目标也不能直接转化为下层目标。目标在各子系统中的分解也是一个需要分析的问题。

纵向是指条条意义下的目标层次，主要是将目标按属性展开，即把一个具有更广泛外延的属性，落实在一系列由子属性描述的层次结构中，用内含更具体的子目标表达目标。这种层次结构在建立目标评价体系时是相当重要的。

时间上的目标层次是关于不同时间尺度的目标的层次性，如围绕长远目标可有一系列阶段目标。这种层次性与横向层次关系密切，往往是横向层次越高，时间尺度也就越长。而较低层次的横向目标，往往时间上的层次也较低。对于不同时间尺度目标之间的协调性需要慎重把握。

4.5.5 多目标之间的关系

对于多数决策问题，往往涉及多个目标，各个目标的度量量纲也可能不一样，目标与目标之间可能会形成各种关系，建立目标体系时主要各目标的属性是独立的，其重要性要处在同一档次上。例如，“降低成本”和“降低管理费用”，不能作为两个并列目标出现在目标体系中。又如，“增加产量”和“降低管理费用”一般也不能并列，因为“增加产量”通常与“降低成本”是同一层次的；而“增加产量”与“降低管理费用”不在同一层次，但如果分析以后发现可降的成本绝大部分在管理成本上则是可以并列的。

多目标问题中，可把目标划分为两大类，即必需的目标和希望实现的目标。必需的目标是具有否决权的目标，而希望实现的目标是在达到目标程度上是有弹性的。希望的目标可以根据情况，做适当的删除。例如，购买商品，有人可能把价廉作为必须目标，物美作为希望目标；有人可能把物美作为必须目标，价廉作为希望目标；当然有人可能把两者都当成希望目标。

多个目标之间往往存在着相互关系，如价廉与物美通常不能两全，这就是说目标之间存在着一组关系，成为了约束条件。

案例分析

取缔城区营运机动三轮车

近年来，全国各地纷纷出台政策取缔城区机动三轮车，为了能更好地推进以及理解这个问题，可以利用系统分析的思维逻辑做个深入的剖析。

(1) 存在什么问题？（交通、污染、安全、市容等）

(2) 为什么这是个问题？（事实与数据）

(3) 问题是如何出现的？（起初为方便和安置残疾人）

(4) 是什么原因引起的？（管理失控）

(5) 解决这个问题的重要性何在？（改善交通环境、杜绝安全隐患、改善空气质量、提升城市形象）；

(6) 可能的解决方案有哪些？（取缔，不安置：政策性补贴若干年、收购；取缔，安置：其他工作岗位、出租公司、提供再就业培训等）；

(7) 谁能采取解决问题的行动？（城管、交通、公安）

(8) 这类行动会带来什么变化？（车主的就业问题、车辆的处置问题）

(9) 这个问题和哪些问题相牵连？从属于哪个更大的问题？（残疾人保障问题、就业问题、社会稳定问题、低收入者的出行问题）

(10) 涉及哪些资源分配问题？（工作岗位、补偿资金）

(11) 谁来分配资源？（劳动部门、城市管理部门）

(12) 分配者的职权、作用如何？

(13) 资源使用的监督、控制系统如何？（公开、公正）

思考题：

尝试运用系统分析方法解决上述案例中涉及的问题。

第5章　系统建模理论与方法

本章提要

本章主要介绍系统建模理论和方法。通过本章的学习，掌握系统建模的作用和一般原理、模型类型和常用的经济数学模型。

导入案例

制造业的计算机应用系统孤岛

制造业的发达是一个国家国民经济强盛的标志。一方面随着科技的进步，电子信息和自动化技术的应用，使制造业得到了巨大的发展。另一方面市场竞争愈来愈激烈，给制造企业造成了严酷的生存环境。所以现在制造企业必须力争在最短的时间，以最低的成本生产出满足市场需求的产品，才能在市场上有自己的立足之地。目前，各个企业为了达到这一目标都在不断加强采用计算机辅助技术，将其应用于产品形成的各个阶段，即产品设计阶段、制造阶段、管理和销售阶段。利用计算机辅助设计(Computer-Aided Design，CAD)系统辅助企业的产品设计，利用计算机辅助工艺设计(Computer Aided Process Planning，CAPP)，利用产品数据管理(Product Data Management，PDM)系统进行产品数据的管理，利用企业资源计划(Enterprise Resource Planning，ERP)系统辅助企业管理，从企业运营的各个方面来提高企业的效率，降低企业运作成本，最终达到提高企业利润的目的。CAD、CAPP、PDM和ERP系统之间联系密切，但是在许多企业中这些计算机应用系统之间并没有进行有效集成，从而形成多个计算机应用孤岛，给企业带来了许多问题。如何构建集成模型帮助企业实现CAD、CAPP、PDM和ERP之间信息的共享，是解决企业信息共享困难、系统与系统之间传递数据困难以及企业无法进行有效的信息管理的关键。

系统是由多个相互联系的单元所构成的整体，系统的特性决定于其组成部分与结构。为了掌握系统变化的规律，必须对系统的各组成部分之间的联系进行考察与研究。系统建模就是研究各组成部分之间关系和系统运行机理的重要方法。

5.1 建模在系统分析中的作用

系统分析的一般步骤包括：划分系统边界、确立系统目标、分析系统现状、收集信息、确定判据、建立系统模型、优化系统、评价优化方案。其中建立模型是系统分析的一个重要环节，一个合适的系统模型不仅是对系统认识的进一步深化，而且也是实现系统优化的重要途径。

5.1.1 模型的定义

为了更好地达到系统优化的目的，人们越来越重视对现实系统进行抽象和综合，而系统建模正是对系统进行抽象的过程。

实体是一切客观存在的事物及其运动形态的统称。它可以是有形的(如机器)，也可以是无形的(如气体)；可以是具体的，也可以是抽象的。模型是相对于实体而言的，模型是实体系统本质特征的抽象表述。具体而言是对实体的特征要素、相关信息和变化规律的表征和抽象。模型只用于反映实体的主要本质(实体的主要构成要素、要素之间的联系、实体和环境之间的信息交换等)，而不是实体的全部。模型在一定意义上可以代替实体，通过对模型的研究，方便掌握实体本质。模型和实体之间的关系见图 5-1。

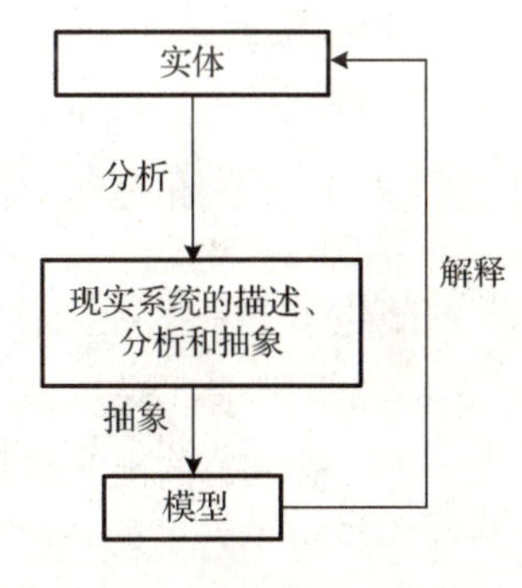

图 5-1　实体系统与模型

对实体进行建模以后可以利用某些方法对实体进行优化分析。但优化分析还必须结合原有实体的实际情况进行，否则可能导致模型分析的结果和现实严重不符。另外，实体的建模是一个反复过程，需要不断地将所建立的模型和实体进行对比分析，不断地对模型进行修正，既可能是模型参数的修正，也可能是模型结构的修改。

影响系统的因素是系统建模时必须考虑的。通常根据所起作用的不同，可将影响系统的因素分为以下几类：第一类因素在模型中可以忽略不计；第二类为对模型起作用但不属于模型描述范围的因素，这类因素是影响系统外部环境的因素，在模型中可视为外生变量(Exogenous Variables)，或者叫输入变量(Input Variables)，或者叫自变量(Independent Variables)；第三类是模型所需研究的因素，这类因素是描述模型行为的因素，叫内生变量(Endogenous Variables)或者叫输出变量(Output Variables)，或者叫因变量(Dependent Variables)。根据输入变量是否可控，可将变量划分为控制变量(决策变量)和干扰变量。通常只能通过改变控制变量来进行系统优化。

例如，某企业以最大利润为目标，来确定产品可以接受的最大成本，系统分析人员可以根据利润、产量、市场和成本等因素来构建系统模型。其中利润为因变量，而产量、市场、成本为自变量。

对系统因素的分类意义重大，主要表现为：如果选择不当会致使模型过于复杂难以求解；或者模型过于简单，不能反映现实系统。

5.1.2 建模在系统分析中的作用

建模的目的是根据系统目标，描述系统的主要构成要素，分析各个构成要素之间的联系，研究系统和环境之间的信息传递关系，以及明确实现系统目标的约束条件等。建模在系统分析中的作用可以概括为以下几点。

(1)方便对系统的理解和认识。尤其对于复杂系统而言，模型只是系统的抽象，通过对模型的学习，人们容易掌握系统的运行原理和主要构成，所以模型能够帮助人们认识和理解系统。从另外一个角度来讲，只有对系统进行充分的理解才能对系统进行正确分析。

(2)建模在整个系统分析过程中起到承上启下作用。系统分析中系统目标的确立、历史信息的收集等都是为系统建模服务的，而系统建模的结果是系统优化方案的构建以及方案选择的依据。

(3)系统模型用于系统分析。有些实体很难通过试验进行相关性质的测定，但所有系统都可以通过建模来进行系统可靠性和稳定性的分析。

(4)建立模型便于揭示系统的本质规律。通过模型参数的变化便于显示系统的本质规律。

5.2 系统建模的一般原理

5.2.1 系统建模的基本理论

系统建模的基本理论有黑箱理论、白箱理论和灰箱理论。

(1)黑箱理论。将系统的外部环境及其内部变化看作黑箱，通过控制系统可控因素的输入、观测系统的输出来模拟系统所实现的功能，确定系统运行规律的方法称为黑箱理论。黑箱理论适用于对系统内部结构、内部要素之间的联系不清楚的系统进行分析。

(2)白箱理论。若系统建模人员对系统的内部结构、内部要素之间的联系以及系统和环境之间的联系很明白，可以利用白箱理论来进行系统建模。白箱理论可以控制系统模型的输入和输出来引起系统状态的变化，进而描述系统规律。

(3)灰箱理论。若对系统的内部构成和各构成要素之间的联系情况，只有部分是清楚的，其他部分不清楚的系统，可采用灰箱理论来描述系统规律。

5.2.2 系统建模的原则

我们所面临的系统是多种多样的，需要建立的模型也是多种多样，但是不管建立什么样的模型，都必须遵循以下的几个原则。

(1)现实性。建模的目的是抽象现实系统和改进现实系统，所以模型必须立足于现实系统，否则建立模型是没有意义的。

(2)准确性。一方面是指模型中所使用的包含各种变量和数据公式、图表等信息要准确，因为这些信息是求解模型和研究模型的依据。另一方面是指模型要能准确反映系统的本质规律。

(3)可靠性。模型既然是实际系统的替代物，它必须能反映事物的本质，且有一定的精确度。如果一个模型不能在本质上反映实际系统，或者在某个关键部分缺乏一定的精确度，那就存在着潜在的危险。

(4)简明性。模型的表达方式应明确、简单，变量的选择不能过于繁琐，模型的数学结构不宜过于复杂。对于复杂的实际系统，若建立的模型也很复杂，则构造和求解模型的费用太大，甚至由于因素太多，模型难以控制和操纵，这就失去了建模的意义。

(5)实用性。模型必须能方便于用户，易于进行处理和计算。因此要努力使模型标准化、规范化，要尽量采用已有的模型。这样既可以节省时间和精力，又可以节约构模费用。

(6)反馈性。人们对事物的认识总是一个由浅入深的过程，建模也是一样。开始可以构建系统的初步模型，然后逐步对模型进行细化，最后达到一定的精确度。

(7)鲁棒性。由于系统环境等因素的多变性，不可能不断对系统进行建模，要求模型对现实问题的变动有一定的不敏感性。

5.2.3 系统建模的基本步骤

虽然对于不同的系统应该建立不同的模型，但是系统建模的步骤常常大同小异。系统建模之前通常要分析实际系统、收集相关信息、找出主要因素、对变量进行分类、确定变量之间的关系、明确模型的结构、检验模型的效果、改进和修正模型以及将模型应用于实际。

(1)分析现实系统。包含系统目标、系统的约束、系统的范围、系统的环境，并确定模型的类型。

(2)收集相关信息。根据上面对现实系统的分析，进行资料收集，并确保信息的正确性和有效性。

(3)找出主要因素。影响系统的因素有很多，包含内部因素和外部因素。但需要找出关键因素并分析各个因素之间的关系。

(4)找出系统的变量并对变量进行分类。通过对因素进行分析得到相应的变量，并对变量进行分类。

(5)确定变量之间的关系。根据因素之间的关系以及变量的类别确定变量之间的关系。另外,还要分析变量的变动对目标实现的影响。

(6)确定模型结构。根据系统的特征、建模对象、各变量之间的关系构造模型结构。

(7)检验模型效果。检验模型是否能在一定的精度范围内反映现实问题。

(8)改进和修正模型。若模型不能在精度约束下反映原有问题，要检查出原因，并根据原因对模型的结构或者参数进行改进和修正。

(9)将模型应用于实际。对于满足要求的模型可以在实际中加以应用，但是每次应用该模型时都必须要进行再次检验。尤其是社会经济系统的模型，因为社会经济系统的环境因素变化太快，而且社会经济系统受环境因素的影响很大。

5.3 系统模型的分类

采用不同的分类标准，可以将系统模型划分为不同的种类。如按建模的对象进行分类，可将模型划分为经济模型、社会模型、生态模型和工程模型等；按建模对象的规模进行分类，可将模型划分为宏观模型、中观模型和微观模型；按模型的用途进行分类，可将模型划分为预测模型、结构模型、过程模型、决策模型、性能模型、组织模型、行为模型、最优化模型等；按模型中变量的性质进行分类，可将模型划分为动态模型和静态模型、连续模型和离散模型、确定性模型和随机模型等。

以下首先介绍按形态对模型的分类，其分类结果如图 5-2 所示。

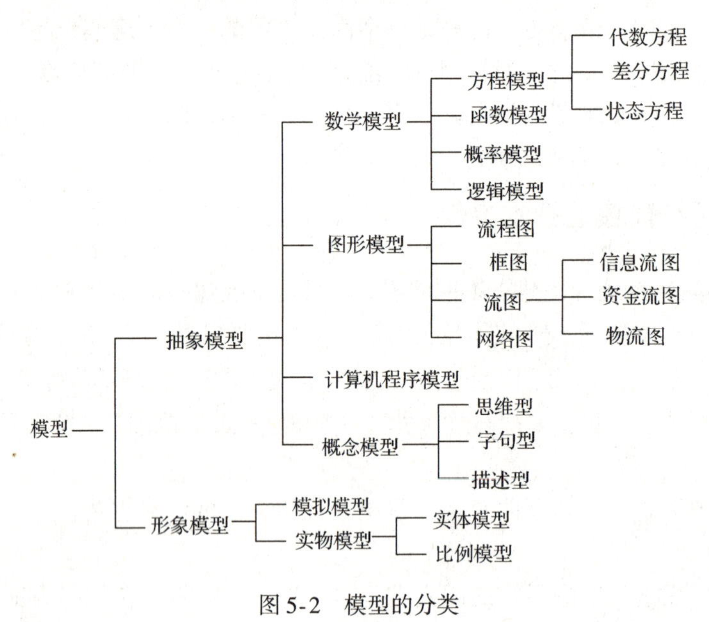

图 5-2　模型的分类

5.3.1 形象模型

形象模型是指用少量文字、简明的数字、不同形式的直线和曲线所构成的图形来直观、生动、形象地表示系统的功能、结构，揭示系统的本质和规律的模型。如教学用的原子模型、汽车模型、地形的沙盘模型等。但并不是所有系统都能树立形象模型，只有有形的实体系统才能树立形象模型。

形象模型又可以划分为模拟模型和实物模型。其中模拟模型是用物理属性来描述系统的模型，它在构成要素上可能和原系统不同，但是模型的活动上和原系统类似。模拟模型的目的是用一个容易实现控制或求解的系统替代或近似描述一个不容易实现控制或求解的系统。通常模拟模型既可用实体形式抽象，又可用数学形式抽象。而用数学形式抽象出的系统模拟模型称为数学模拟模型(如系统动力学模型)，用实体形式抽象出的系统模拟模型称为实物模拟模型。实物模型则是原系统的放大或者缩小版，无论是构成要素还是活动都和原系统相似，如教学中的原子模型。

5.3.2 抽象模型

抽象模型是指用数字、字符或运算符号等非物质形态来描述系统的模型，它没有具体的物理结构。如用数学公式描述的模型、用逻辑关系描述的框图、用类比方法描述的类比模型等。这类模型的特点是，只是在本质上与系统相似，只反映系统的本质特征，但从模型表面上已看不出系统原型的形象。具体细分，抽象模型又可分为数学模型、图形模型，计算机模型和概念模型。

1. 数学模型

数学模型是指用字母、数字和各种数学符号来描述系统的模型，具体又可分为方程模型(静态投入——产出模型)、概率统计模型(是指用已有的数据按概率统计的方法建立模型，如随机服务系统模型)、函数模型(如柯布—道格拉斯生产函数)和逻辑模型(逻辑变量按逻辑运算法则建立模型)。数学模型是现实利用率最高的，主要有以下几点原因。

(1)数学模型是定量化的基础。自然科学及工程技术领域，数量上精确与否直接关系着质量的优劣，其重要性自不待言。社会科学领域中只凭热情和定性，主观片面进行决策的后果更为严重。因此，定量化问题和决策质量的关系，已引起各方面的重视。

(2)数学模型是科学试验的重要补足手段，是预测的重要工具。有的系统的活动要耗费大量物资，花费很高代价才能取得成果，而有的则很难做试验甚至是不可能做试验。这时，只有依靠建立的数学模型进行预测或模拟，才能经济方便地得知结果。

(3)数学模型是现代管理科学的重要工具。世界上的任何资源总是有限的，如何利用有限的资源取得最佳的经济效果，是组织和管理中最重要和最为人所关心的课题。数学模型在这方面有特殊的优越性，是其他类型的模型所无法比拟的。因此，它在系统工程和运筹学中，占有重要的地位。

2. 图形模型

图形模型是指用少量文字、不同形式的直线和曲线所构成的图和表来描述系统结构和系统机理的模型。这类模型可以直观反映系统的本质和规律。根据所使用图形的不同，又可以将其划分为流程图、框图、结构图、流图等。

(1)流程图反映某种实体系统各项活动的流转过程，如生产流程图。

(2)框图。系统通常可以细分为子系统，框图模型是利用方框来代表子系统从而简化了对系统和子系统之间关系、系统运行的机理的描述。

(3)结构图用来描述系统构成要素之间的逻辑联系、结构层次、空间分布等。如管理决策的层次结构、企业的组织结构。

(4)流图。根据其反映内容不同，又可分为信息流图、资金流图和物流图。信息流图反映系统内部以及系统和环境之间信息的传递关系。资金流图是对系统中与资金有关的活动进行模拟，以达到最大程度地降低成本、获得最高收益的目的。物流图是模拟系统中物资的流动方向、流量、距离和费用等内容，对研究工厂布局、计算运费、确定运输工具有重要意义。

3. 计算机程序模型

计算机程序模型是一类用来描述系统和对系统的动态行为进行研究的特殊模型，这类模型往往抽象程度较高。在系统分析中，计算机程序通常用来对系统进行模拟，刻画系统的动态特性，并可对方案进行性能比较，但计算机程序的基础是系统的结构与功能关系模型，且运行环境必须借助于计算机。

4. 概念模型

概念模型是通过人们的经验、知识和直觉形成的，这种模型往往最为抽象，即在缺乏资料的情况下，凭空构想一些资料，建立初始模型，再逐渐扩展而成。它们在形式上可以是思维型、字句型或描述型。当人们试图系统地想象某一系统时，就用到这样的模型。

5.3.3 几种基本的建模工具

常用的建模工具主要有矩阵、文氏图、树形图和卡氏图。下面用案例分别说明上述几种建模工具的引用。

案例：按照教授职称和工程师职称两项指标将大学教师进行分类。设 A 表示具有教授职称，B 表示具有工程师职称，相应的 $\overline{A}$ 和 $\overline{B}$ 分别表示没有教授职称和不是工程师的大学教师，所以待分类对象必然归属于下述四类中的一类：AB、$A\overline{B}$、$\overline{A}B$ 和 $\overline{A}\overline{B}$。

1. 矩阵

用矩阵的形式进行系统建模。例如，对上面的例子用矩阵来表示，如图 5-3 所示。

假设要对 100 名大学教师进行分类，其中 20 人为教授，50 人为工程师，则可以推算属于 AB 类的人数不能大于 20。假设其分类矩阵如图 5-4 所示。

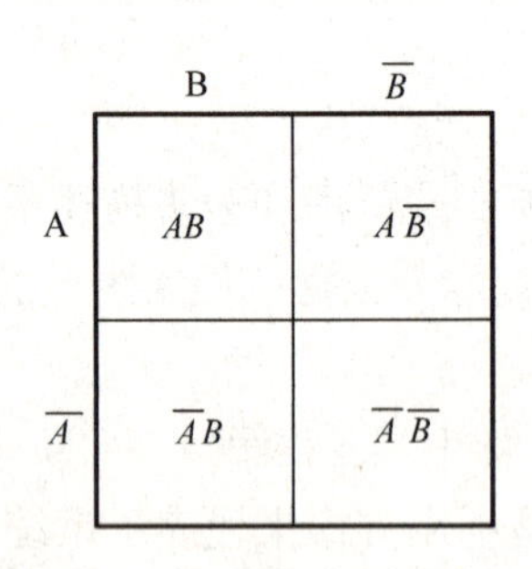

图 5-3　大学教师分类矩阵

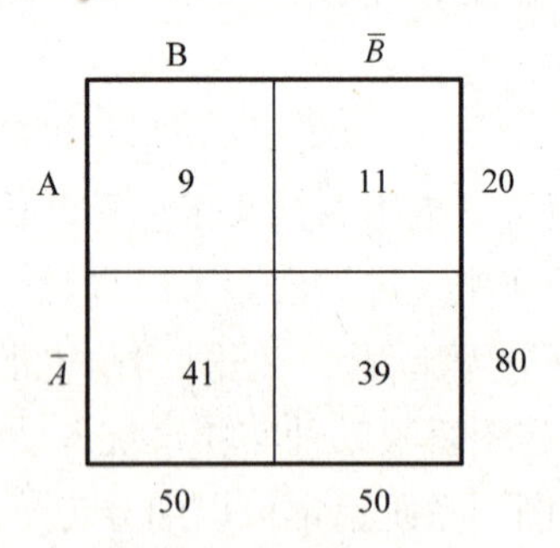

图 5-4　大学教师分类矩阵

矩阵模型一般不能给出确切的分类结果，但是从中可以得到一些信息，便于进行进一步分析。

2. 文氏图

用文氏图进行系统建模对于简单的系统很实用。对上例用文氏图来进行建模，如图 5-5 所示。

3. 树形图

树形图是另外一种常用的构模工具，常用于构造分类模型，仍然利用对大学教师进行分类的例子来进行说明(见图5-6)，图中首先用A作为标准来进行分类，然后在子类中用B作为标准进行分类。

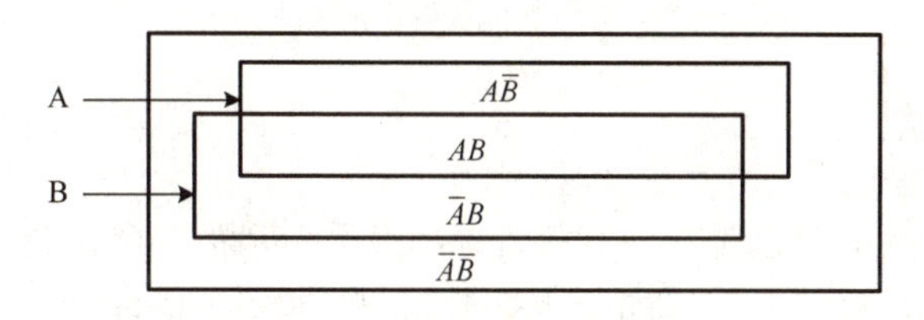

图5-5　大学教师分类文氏图

4. 卡氏图

卡氏图也是一种常用的构模工具，利用对大学教师进行分类的例子来进行说明(见图5-7)。

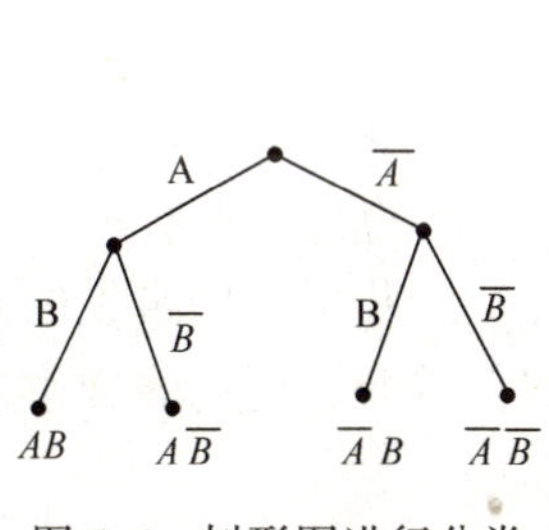

图5-6　树形图进行分类

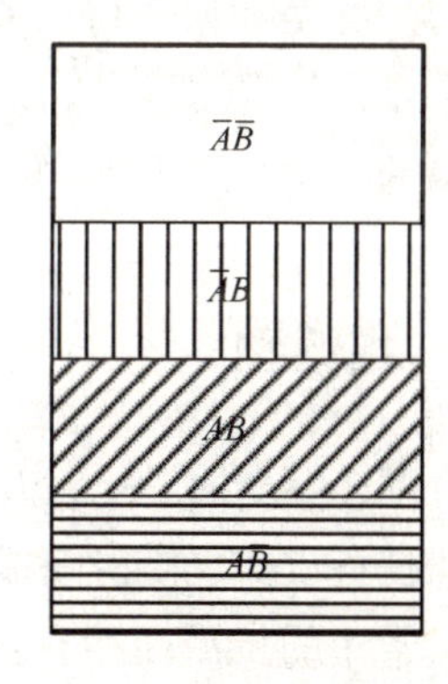

图5-7　用卡氏图分类

随着系统分类的因素增多，用矩阵、文氏图、树形图和卡氏图建立的模型的复杂度也会增加。

5.4　常用的几类经济数学模型

数学模型是经济管理系统优化分析的主要工具，通常我们根据研究对象的不同，采用不同的经济数学模型来分析系统或各子系统的投入产出特性，并对系统方案进行评价与优化。下面介绍几种常用的经济数学模型。

5.4.1　资源分配型

对于任何一个系统而言，其可支配资源总是有限的，并存在相应的环境约束。资源分配模型的目的是在满足约束条件下，合理地使用和分配这些可利用资源使得系统达到最佳效益。常用的线性规划、非线性规划、动态规划等都属于资源分配模型。

5.4.2 存贮型

为了使生产经营系统得以正常运转，一定量的资源储备是必要的。如何合理地确定各种资源的储备数量，从而使资源的采购成本、存储费用和因资源短缺所造成的损失之和最小，这就是存贮模型需要解决的问题。通常采用的存贮模型有库存模型和动态规划模型。

5.4.3 输送型

输送模型需要解决的问题是在一定的资源约束下(车辆、道路和资金等)如何使得总的系统的单位运输费用达到最低、运输效率达到最高。常用的输送模型有图论、网络模型、运输规划。

5.4.4 等待服务型

排队系统通常可以划分为两个部分，即要求服务的对象和提供服务的机构。等待服务模型要解决的问题是如何使得服务对象的总体等待时间最短，提供服务的机构利用率达到最高，所需要的服务机构最少。为了对等待服务模型进行求解，通常要用概率统计的理论和方法找出服务对象到达的概率分布、服务的规则等问题。常用的等待服务模型有排队模型。

5.4.5 指派型

任务的分配、生产的安排以及加工顺序问题是日常生产和生活中常见的问题，如何进行资源分配和任务安排，使得完成全部任务所花费的时间最短、消耗的费用最低，这就是指派型问题。常用的指派模型有整数规划和动态规划模型等。

5.4.6 决策型

决策分析是系统分析中重要的环节之一，其要解决的问题是从众多方案中选择最优或者是非劣方案。决策模型相对上面所提到的模型要复杂得多，需要众多的技术支持，而且通常难以完全量化。常用的决策模型主要包括决策分析与博弈论模型。

5.4.7 其他类型

经济和管理系统中的问题通常复杂度较高，需要解决的问题很多，可以利用的模型也很多，除了上面介绍的模型以外，还有解释预测型、投入产出型、评价型等。

系统分析是一项很复杂的工作，不仅涉及定量的问题还会涉及定性的问题；不仅涉及经济问题，还会涉及政治和法律问题。另外，系统在各个阶段的目标也会存在着差异。因此，对于不同的系统要建立不同的模型，对于系统的不同阶段也要建立不同的模型。还有的系统用到的可能是多种模型的综合而不是单一模型。

案例分析

企业信息系统的有效集成

为了实现企业信息共享以及信息有效管理的目的，需要对 CAD、CAPP、PDM 和 ERP 系统信息进行集成。而 CAD、CAPP、PDM 和 ERP 之间信息传递概念模型的构建是实现四者有效集成的前提。

首先构建 CAD、CAPP 和 PDM 系统之间的信息传递模型：CAD 系统是整个产品数据管理的起点，产生的产品设计数据和图形数据为 CAPP 和 PDM 系统开展工作的基础；CAPP 系统接收 CAD 系统输出的信息进行产品的工艺设计；PDM 系统管理 CAD 和 CAPP 系统中与产品有关的信息，并进行项目管理、技术配置管理、更改管理和图文档管理等。具体信息传递模型见图 5-8。

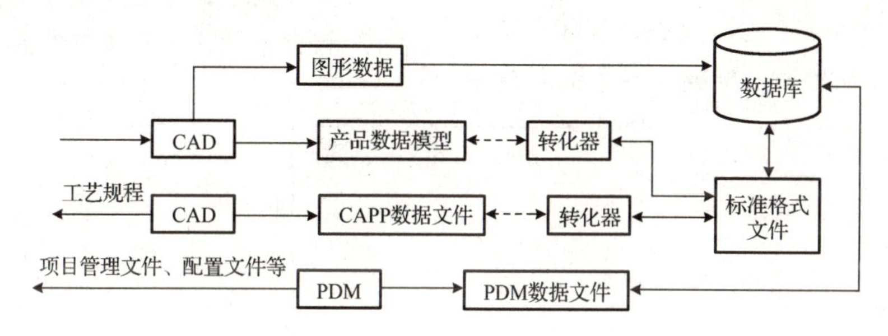

图 5-8 CAD/CAPP/PDM 系统间信息传递模型

ERP 系统是企业管理信息系统，它与 CAD/CAPP/PDM 之间的主要区别就在于 CAD/CAPP/PDM 是设计、工艺的信息化，而后者则是企业管理的信息化。ERP 系统和 CAD 系统之间信息传递模型见图 5-9。

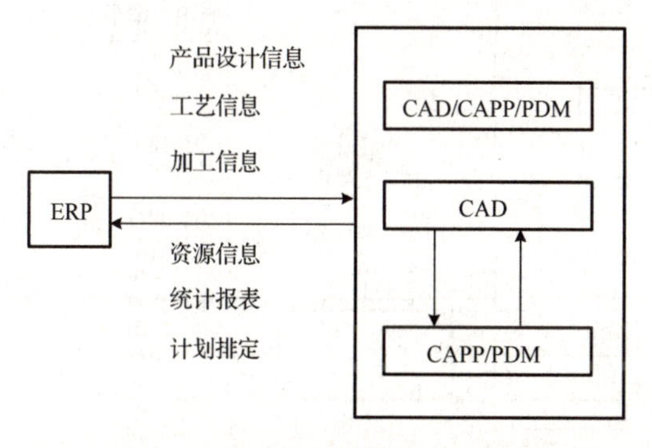

图 5-9 ERP 系统和 CAD/CAPP/PDM 之间信息传递模型

CAD/CAPP/PDM 系统需要向 ERP 系统传递以下几种信息：

(1) 产品设计方面的信息，包含产品名称、明细表、汇总表、产品使用说明书、装箱清单等；

(2) 工艺设计方面的信息，包含工艺线路、工时定额、材料定额、工序等信息；

(3) 有关工艺装配方面的信息，包含各种工装、刀具、量具、模具等方面的信息；

(4) 有关产品加工方面的信息，主要有工艺变更通知单及有关内容；

(5) 有关质量方面的信息，包含零件图、设备故障诊断等。

同时 ERP 系统也向 CAD/CAPP/PDM 系统传递信息，主要传递的信息包括：新产品开发信息、售后服务反馈信息、工装设备修整信息、作业计划、技术准备计划、工装要求、工作指令、设备大修、工具工装库查询信息、工具工装准备信息、故障信息统计、生产过程统计信息等。

在概念模型的基础上，企业构建了四个

系统集成的其他相关模型和计算机模型。以CAPP/PDM系统集成为例，描述其详细的信息流模型。CAPP/PDM系统的工作流程可以概括为：系统根据单项产品计划编制项目计划；根据项目计划安排接收CAD系统中的产品设计结构信息、图文档信息和零部件属性信息；根据合同要求、历史工艺文件和产品设计信息设计产品的工艺结构；对于工艺结构审核通过的产品，进行工艺线路的制定；以工艺线路和历史工艺等信息为参考编制各专业的工艺卡片，同时录入辅助材料消耗；工艺卡片审核通过以后，以其为基础录入产品的工时定额；根据工时定额等信息计算产品的工艺成本；以产品为对象进行技术配置；以产品为对象编制金属材料清单、非金属材料清单、各种工艺卡片、外购件清单等报表。另外，在上述整个过程中还贯穿成本管理、权限管理和版本管理。整个工作流程参见图5-10。

通过相关模型的构建，各个系统信息交互得到了很好的分析和描述，有助于系统间有效集成的实现。

思考题：

1. 简述建模在上述案例中的作用？
2. 结合案例说明建模的主要步骤。

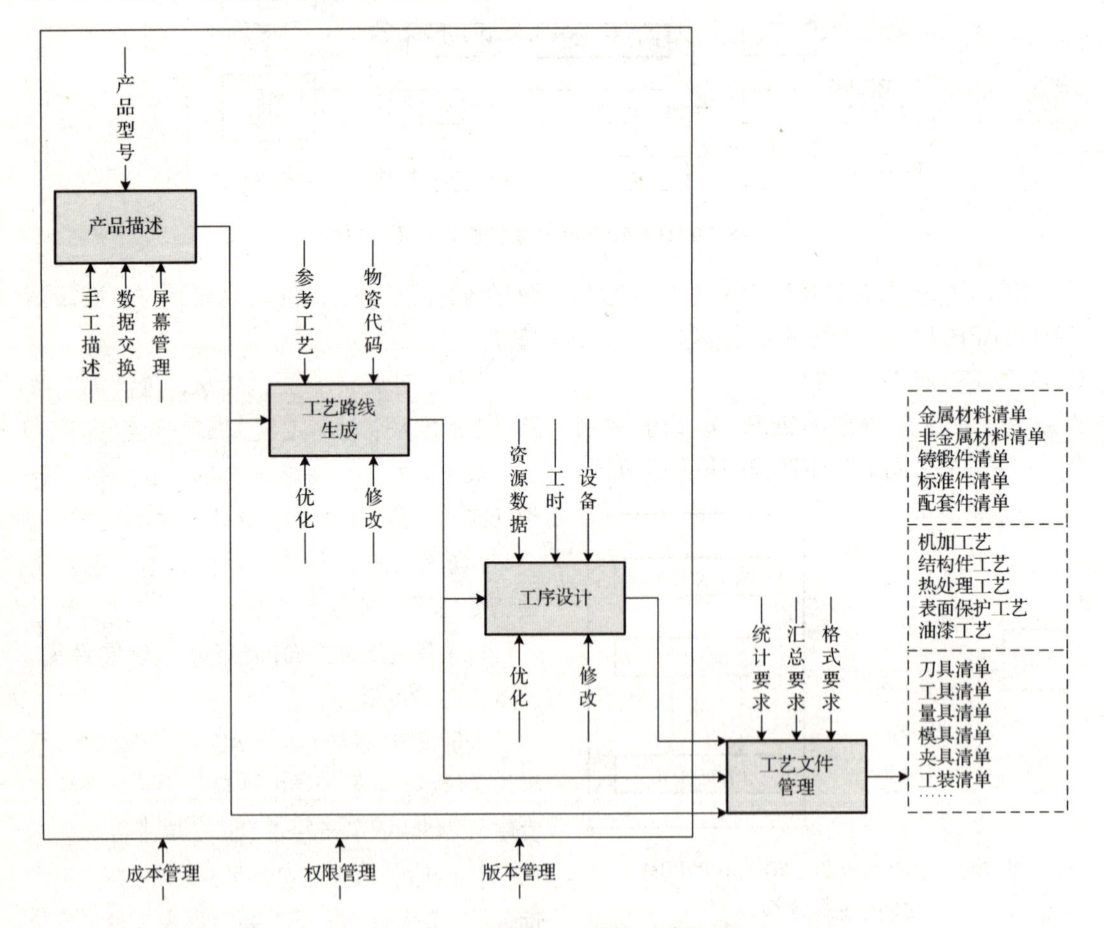

图5-10　CAPP/PDM系统工作流程

第6章　系统仿真

本章提要

本章主要介绍系统仿真理论和方法。通过本章的学习，掌握系统仿真的概念和分类、系统仿真过程，几类离散和连续系统仿真方法。

导入案例

怎样避免爱多公司的悲剧

广东爱多公司，从1995年6月成立到1999年12月进入破产程序，仅仅4年多时间。以下是爱多公司的发展历程：

1996年夏天，问世才不到一年的爱多VCD攻下了上海市场；

年仅20多岁的年轻老板胡志标为了打响品牌，不惜花450万元(几乎是爱多全部的利润)请成龙做广告；

同年11月8日他怀揣"爱多VCD，好功夫"的广告语走进中央电视台，花8 200万元争得5秒标版的广告播放权，爱多一跃而跻身国内知名家电品牌的行列；

1997年爱多的销售额从前一年的2亿元一跃而骤增至16亿元；

1997年底胡志标考察荷兰飞利浦公司总部时，这个百年巨人以"私人飞机加红地毯"的最高规格接待他；

1998年第二次走进中央电视台，以2.1亿元的标价，把标王的竞争对手抛到了后面；

1998年五一期间，为了打垮新科，他在上海、北京等地，进行"买就送"活动，买一台1000多元爱多VCD竟可送电饭煲、焖烧锅等价值700元的礼品。

在半年多时间里为打败新科投入了1.5亿元，几乎耗到弹尽粮绝。

在崛起到覆灭的4年多里，作为统帅的胡志标只有一个目标：把爱多做大，再做大。

跟爱多公司类似的还有秦池、太阳神、飞龙等企业，都是短短几年飞速发展，又短短几年走上不归路。它们破产的原因有很多，但最主要的就是公司管理缺乏基本系统思考，决策浪漫化、用人情感化、行为短期化、管理无序化。公司在制定和执行决策策略前，基本未对策略在将来可能产生的结果做任何的分析和预判。如果公司在制定和执行某些策略前，能够系统考虑公司内外部实际情况，能够通过一些仿真平台模拟公司的运营环境，能够将策略在仿真平台里进行可能的情景仿真，也许公司的命运就不会是昙花一现了。

6.1 系统仿真概论

6.1.1 仿真与系统仿真

采用数学模型来描述系统，是人们经常采用的一种系统求解方法。对于某一系统来说，系统与环境之间或者系统内部各环节之间常常存在着一定的关系，如果这种关系比较简单，我们可以建立相应的数学模型并利用解析的方法来求解。现有的数学工具已经可以成功地描述并解决一系列的简单问题，如微分方程可用于解决连续变化的系统问题，运筹学中的线性规划可用于解决资源配置问题等。

然而，对于比较复杂的系统，很难通过建立数学模型，用数学解析的方法得到问题的答案，这时就需要通过系统仿真的办法来解决。由于“仿真”一词译自英语单词“Simulation”，有时也被译作“模拟”，因此，系统仿真有时也可以被称为“系统模拟”。

所谓系统仿真，就是根据系统分析的目的，在分析系统各要素性质及其相互关系的基础上，建立能描述系统结构和行为且具有一定逻辑关系和数学性质的仿真模型，根据仿真模型对系统进行试验和定量分析，以获得决策所需的信息。

在现实生活中，仿真的例子比比皆是。例如，飞机设计时，工程师往往先制造一个按比例缩小的飞机模型，在这个模型上进行力学、风洞等实验，获取飞机性能的某些参数，从而更好地对设计方案进行改进。由于这类仿真是通过物理模型来描述真实事物的，所以这种仿真被称为物理仿真。由于经济管理系统通常无法通过物理模型来描述，因此物理仿真通常只被用来解决工程技术领域的问题。

6.1.2 系统仿真的实质

系统仿真的实质体现在以下几个方面。

(1)系统仿真是一种数值方法，是一种对系统问题求数值解的计算技术。在许多情况下，由于实际系统过于复杂，以至无法或很难建立数学模型并用解析法求解，在这种情况下，仿真技术往往能够有效地处理这类问题的求解。

(2)系统仿真是一种试验手段，但它区别于普通实验。系统仿真依据的不是现实系统，而是作为现实系统“映象”的一个系统模型及其仿真的“人造”环境。显然，系统仿真结果的正确程度取决于模型和输入数据是否能够反映现实系统。

(3)系统仿真是对系统状态在时间序列中的动态描述。在仿真时，尽管要研究的只是某些特定时刻的系统状态(或行为)，但仿真却可以对系统状态(或行为)在时间序列内的全过程进行描述。换句话说，它可以比较真实地描述系统的运行及演变过程。

(4)电子计算机是系统仿真的主要工具。从目前来说，系统仿真主要在计算机上实现，从某种意义上讲，系统仿真很大程度上指的就是计算机仿真。

6.1.3 系统仿真的分类

依据不同的分类标准，可对系统仿真作不同的分类。

1. 确定性仿真和随机性仿真

这种划分方法主要是根据仿真模型的输出结果。

确定性仿真是指系统在某一时刻的状态完全由系统的以前状态所决定，因而其输出结果完全由输入来确定。

随机性仿真是指相同的输入经过系统转移后会得到不同的输出结果，这些结果虽然不确定，但是服从一定的概率分布。大多数经济管理模型属于随机性仿真。

2. 连续系统仿真和离散系统仿真

根据系统状态的变化与时间的关系，可以将模型划分为连续系统仿真与离散系统仿真。

连续系统仿真是指系统状态随时间呈连续性的变化，而离散系统仿真是指系统状态随时间呈间断性变化，即系统状态仅在有限的时间点发生跳跃性的变化。

无论是连续性系统仿真还是离散性系统仿真，其仿真时间都可以是连续的，也可以是离散的。

6.1.4 系统仿真的优点与不足

1. 系统仿真的优点

系统仿真主要有以下几个优点。

(1)仿真的过程也是实验的过程，而且还是系统地收集和积累信息的过程。尤其是对一些复杂的随机问题，应用仿真技术是提供所需信息的唯一令人满意的方法。

(2)对一些难以建立物理模型或数学模型的对象系统，可通过仿真模型来顺利地解决系统预测、分析和评价等问题。

(3)通过系统仿真，可以把一个复杂的系统降阶成若干子系统以便于分析，并能指出各子系统之间的各种逻辑关系。

(4)通过系统仿真，还能启发新的策略或新思想的产生，或能暴露出在系统中隐藏着的实质性问题。同时，当有新的要素增加到系统中时，仿真可以预先指出系统状态中可能会出现的瓶颈现象或其他的问题。

2. 系统仿真的缺点

系统仿真主要有以下几个缺点。

(1)系统仿真的每次运行只能提供系统在某些条件下的特殊解，而不是通解。为获得最优解则必须给定大量的不同条件的仿真运行，这不但需要大量的时间、费用和计算机内存，而且通过一组不同条件下的离散解往往只能获得接近最优解的较优解。

(2)仿真模型的建立是以对实际系统的精确理解为前提的。但为了简单起见，在建模过程中往往需要对某些条件进行简化处理，这样就容易忽略某些看似不重要的细节问题。

(3)一般来说，确定仿真问题的初始条件比较困难，仿真精度比较难控制与测定。

6.2 系统仿真的建模过程

在进行系统仿真之前，需要构建系统模型。模型通常是真实系统的一种简化。真实系统和模型都用参数来表示它们的特征和属性，真实系统的输入和输出都会在模型中有所体现。一般来说，真实系统和模型的输入应当是一致的，但是二者的输出却有可能并不完全一致。当真实系统和模型都被看作是输出对输入的变换函数时，则一个理想的模型的输出可以用来预测和推断它所代表的真实系统的输出，这就是仿真的实质。图6-1给出了建模的图解结构。

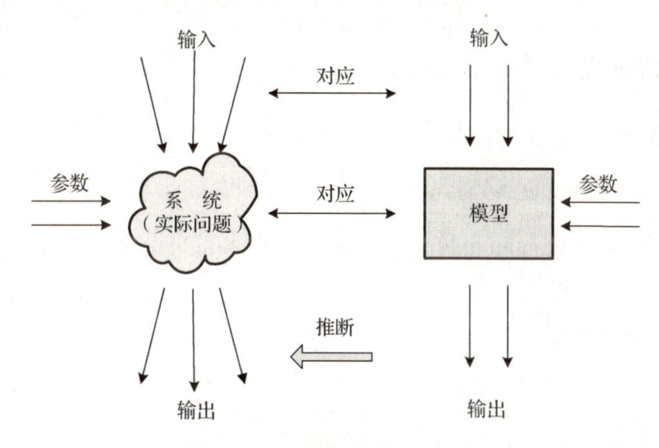

图6-1 建模的图解结构

由于前面已经详细介绍了系统建模的一般知识，这里只针对仿真建模作详细介绍。

6.2.1 系统仿真的模型结构

系统仿真的模型虽然形式多样，但是基本上都包含系统的组成要素、变量、参数、函数关系、约束条件和目标。一般地，可将系统表示成以下的数学形式：

$$E = f(X_i, Y_i)$$

式中：E ——系统效益

X_i ——可以控制的变量和参数

Y_i ——不可控制的变量和参数

f —— X_i 和 Y_i 之间的关系

1. 组成要素

组成要素是指组成系统的各部分或子系统，它是构成系统的实体，系统看成是一组相互独立、相互作用的用以实现各自特定功能的实体集合。例如，在一个城市系统中，工业系统、交通系统、科技系统、教育系统、商业系统等都是组成要素。

2. 变量

模型中的变量用以描述系统状态。变量分为两类，即外生变量和内生变量。外生变量又称输入变量，它起源或产生于系统外部。内生变量产生于系统内部。当内生变量描述系统的状态或条件时，称为状态变量，当有些变量离开系统时，称为输出变量。

按照变量的相互依赖关系，可以划分为自变量和参变量。在系统仿真中，主要的自变量通常为仿真时间，而参变量随着系统环境及仿真的目的不同而不同。

3. 参数

参数不同于变量，在一次仿真中只能赋予参数以定值。例如，服务系统，到达的顾客数服从泊松分布，变量 x 的概率为：

$$P(x) = e^{-\lambda} \times \lambda^{x}/x!$$

其中 λ 为参数，不同的 λ 对应不同的概率分布，每次运行时应赋予 λ 不同的数值，但在运行中其值不能改变。

4. 函数关系

函数关系表征模型中变量和参数在系统的组成中各部分之间的相互关系。函数关系可以是确定的，也可以是随机的，它们均以变量和参数的数学方程表示，并可以用数学方法或统计方法进行假设和推断。

5. 约束条件

约束条件是指对变量的数值或可供资源的限制。例如，对于一个生产计划系统而言，市场需求量、生产能力、物资、资金及其他生产技术条件都是约束条件。

6. 目标

目标是评价系统仿真成果的准则。根据不同的仿真目的，可以确定不同的目标。通过运行系统获得优化系统目标的最优解(或较优解)。例如，设计生产计划系统可确定下述的一项或几项目标：最大利润，最高生产率，最低成本，最低产品次、废品率，最少流动资金和最少周转天数等。

6.2.2 系统仿真过程

构建系统仿真实验的模型前，需要建立仿真的逻辑结构模型，即分析系统要素的构成、子系统的组成，并考察系统要素间以及子系统间的动态特性。图 6-2 给出了建立系统仿真模型逻辑结构的步骤。

基于逻辑结构，可构建系统仿真的试验模型。系统仿真并不是一蹴而就的，而是一个迭代过程。它需要逐步修正，从而接近最优结果。图 6-3 给出了系统仿真的流程图。

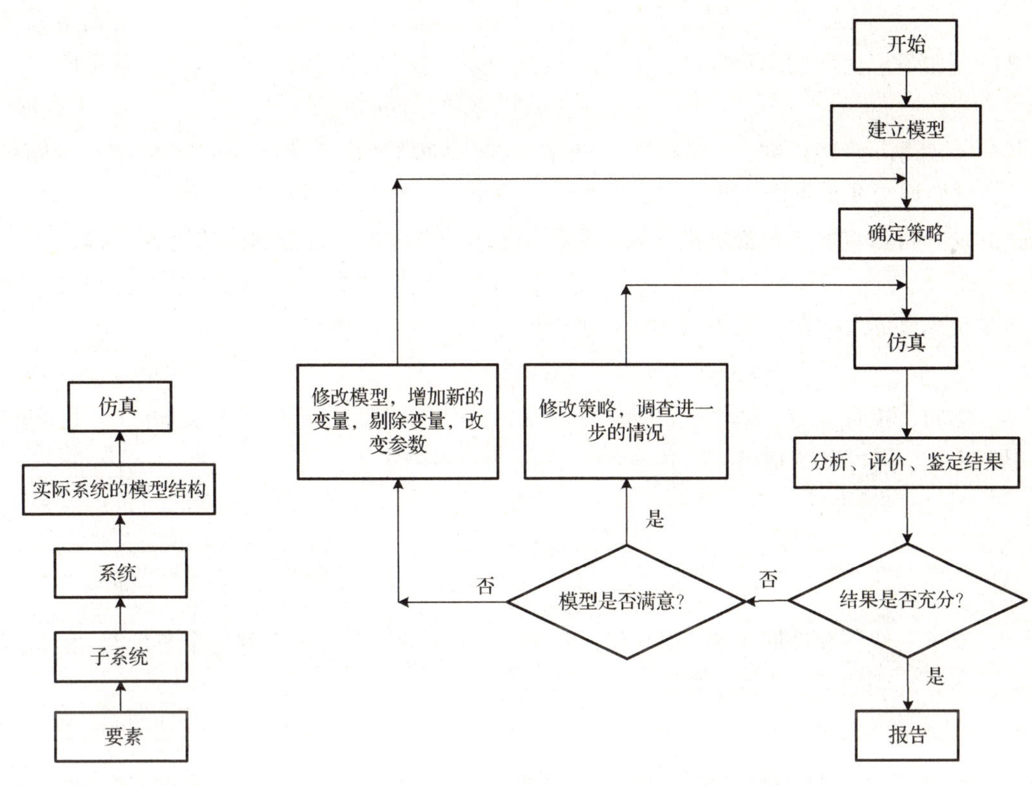

图 6-2 仿真模型逻辑结构建立过程

图 6-3 系统仿真研究流程图

6.3 离散事件系统仿真

离散事件系统常常是许多随机因素作用的共同结果，因此在仿真过程中必须要处理大量的随机因素。在仿真模型中，这些随机因素是通过随机数和随机变量来表示的。产生随机变量的基础是产生[0, 1]区间上均匀分布的随机变量，亦称为随机数发生器。其他的分布类型，如正态分布、γ 分布、β 分布、泊松分布等，都可以由均匀分布按一定的方法变换得到。下面首先介绍随机数和随机变量，然后介绍仿真策略，最后介绍两类典型的离散事件系统——排队系统和随机存储系统。

6.3.1 随机数与随机变量

1. 随机数的产生

用程序自动产生均匀分布的随机数是随机系统仿真中常用的方法。但是计算机中的随机数发生器所产生的随机数，不是概率论意义下的真正的随机数，故称之为伪随机数(Pseudo Random Numbers)。虽然是伪随机数，但是它已经能够有效地模拟随机数的均匀分布性和独立性的理想特性，因此可以满足系统仿真的需要。

产生随机数的算法很多，其中具有代表性的主要有以下几种。

(1)线性同余法。线性同余法是由 Lehmer 在 1951 年提出的。它是目前在离散系统仿真中应用最广泛的伪随机数产生方法。线性同余法按照以下递归关系式产生随机数：

$$x_i = (ax_{i-1} + c)\bmod m \tag{6-1}$$

其中 x_i 是第 i 个随机数，a 为乘子，c 为增量，m 为模数(取充分大的正整数)，x_0 为随机种子，它们均为非负整数，当 $a=1$，则称为加同余法，若 $c=0$，则称为乘同余法。常数 a，c，m 的选择将影响所产生的随机数列的循环周期。显然，由上式得到的随机数 x_i 满足：

$$0 \leqslant x_i \leqslant m-1 \quad (i=0,1,2,\cdots)$$

为了得到区间[0，1]上所需的随机数 r_i，可以令：

$$r_i = x_i/m$$

例如，取 $x_0=27$，$a=17$，$c=43$，$m=100$，则可以得到介于 0 到 99 之间的一组随机数，根据上式，则可以得到相应的介于 0，1 之间的一组随机数。

$$x_0 = 27$$

$$x_1 = (17\times 27+43)\bmod 100 = 2,\ r_1 = 2/100 = 0.02$$

$$x_2 = (17\times 2+43)\bmod 100 = 77,\ r_2 = 0.77\text{，依次类推。}$$

对于一般的线性同余法，当且仅当参数 m，a，c 的选择满足下列三个条件时，随机数发生器才具有满周期，即循环周期等于模数 m。

① m 与 c 互素。

② 如果 q 是 m 的一个素因子，则 q 也是 $a-1$ 的因子。

③ 如果 m 能被 4 整除，则 $a-1$ 也能被 4 整除。

(2)中值平方法。这种方法由 Von Neumann 及 Metropolis 于 20 世纪 40 年代中期提出。该方法的主要思路是，首先给出一种初始数称为种子，对该数的平方取中间的位数，数前放小数点就得到一个随机数。中间位数再平方，按同样方法产生第二个随机数，以此类推。例如：

$$x_0 = 5497$$

$$x_0^2 = (5497)^2 = 30217009 \Rightarrow x_1 = 2170,\ r_1 = 0.2170$$

$$x_1^2 = (2170)^2 = 4708900 \Rightarrow x_2 = 7089,\ r_2 = 0.7089\text{，依次类推。}$$

由于中值平方法最终会出现退化现象，即会出现反复产生同一数值或退化为零。由于种子的选取无法保证伪随机数有较对称的循环周期，因此在实际应用中较难操作。

目前，大部分计算机高级语言及仿真语言或软件都提供了产生随机数的方法，用户可以根据需要调用。需要提醒的是，即使随机数通过检验，也应当有一定的警惕性，必要时需要自行开发随机数发生器。关于随机数产生的更多资料，请参考相关文献。

2. 随机变量的产生

常用的产生随机变量的方法有反变换法、组合法、接受－拒绝法和查表法等。本书仅介绍如何采用反变换法产生随机变量，其他方法可以参考相关文献。

反变换法是最常用且最直观的方法，它以概率积分变换定理为基础。

设随机变量的分布函数为 $F(x)$。为了得到随机变量的抽样值，先产生[0，1]区间上均匀分布的独立随机变量μ，由反分布函数$F^{-1}(\mu)$得到的值即为所需的随机变量x，即：

$$x = F^{-1}(\mu) \tag{6-2}$$

由于这种方法是对随机变量的分布函数进行反变换，故取名为反变换法。其原理可用图6-4加以说明。

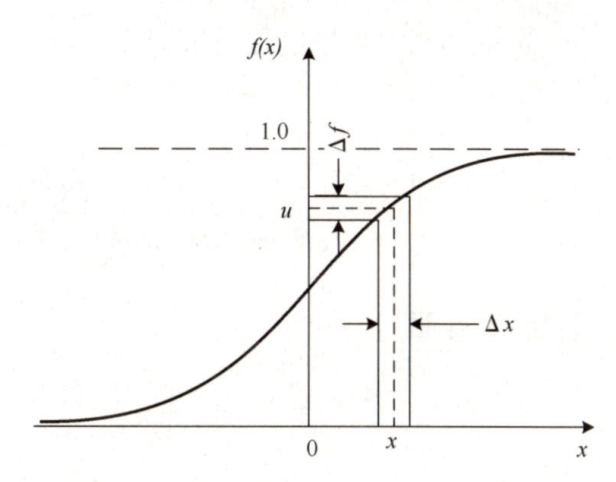

图6-4　连续分布函数的反变换法原理

随机变量概率分布函数$F(x)$的取值范围是[0, 1]。现以在[0, 1]上均匀分布的独立随机变量作为$F(x)$的取值规律，则落入Δx的样本个数的概率就是ΔF，从而随机变量x在区间Δx内出现的概率密度函数的平均值为$\Delta F/\Delta x$。当$\Delta x \to 0$时，随机变量x就等于dF/dx，这与由概率论直接定义的概率密度$f(x)$是一致的，满足正确性要求。

【例6-1】 设随机变量x是$[a, b]$上均匀分布的随机变量，即：

$$f(x) = \begin{cases} \dfrac{1}{b-a}, & a \leqslant x \leqslant b \\ 0, & \text{other} \end{cases}$$

试用反变换法产生x。

解：由$f(x)$得到的x的分布函数：

$$F(x) = \begin{cases} 0, & x < a \\ \dfrac{x-a}{b-a}, & a \leqslant x \leqslant b \\ 1, & x > b \end{cases}$$

用随机数发生器产生随机变量$u \sim U(0, 1)$，并令：

$$u = F(x) = \frac{x-a}{b-a}, \qquad a \leqslant x \leqslant b$$

从而可得：

$$x = a + (b-a)u$$

由上面例子可以看出，用反变换法产生随机变量时，首先必须用随机数发生器产生在[0, 1]上均匀分布的独立随机变量u，以此为基础得到的随机变量x才能保证分布的正确性。由此可见，选择一个均匀性和独立性较好的随机数发生器在产生随机变量中具有重要地位。

当x是离散随机变量时，其反变换的形式略有不同。

设离散随机变量 x 分别以概率 p_1，…，p_n取值 x_1，…，x_n，其中 $0<p_i<1$，且 $p_1+\cdots+p_n=1$。

为利用反变换法获得离散随机变量，先将[0, 1]区间按 p_1，…，p_n的值分成 n 个子区间，然后产生[0, 1]区间上均匀分布的独立随机变量 u。如果 u 的值落入某个子区间，则相应区间对应的随机变量就是所需要的随机变量 x_i。

在实际实现时，先要将 x_i按从小到大顺序进行排列，即 $x_1<\cdots<x_n$，从而得到分布函数子区间：

$$[0, p_1], [p_1, p_1+p_2], \cdots, [\sum_{i=1}^{n-1} p_i, \sum_{i=1}^{n} p_i]$$

若由随机数发生器产生的 $u\leqslant p_1$，则令 $x=x_1$，若 $p_1\leqslant u\leqslant p_1+p_2$，则令 $x=x_2$，依次类推。

6.3.2 离散系统的仿真策略

1. 仿真时钟的推进

仿真时钟是离散事件系统仿真不可缺少的组成部分，是仿真的时间控制部件。在离散事件系统仿真中，仿真时钟的推进方法是系统仿真的基础。离散系统仿真的仿真时钟的推进方法有事件法和时间间隔法两种。

(1)事件法。又称面向事件的仿真时钟或事件调度法。它按照下一最早发生事件的发生时间来推进仿真时钟，仿真以不等距的时间为间隔。具体而言，该方法是在处理完当前事件所引起的系统变化后，从未来将发生的各类事件中挑选最早发生的任何一类事件，将仿真钟推进到该事件发生时刻，再作以上重复处理直到仿真运行满足某终止条件为止。

(2)时间间隔法。又称面向时间间隔的仿真时钟或固定增量推进法。采用该方法之前需确定某一时间单位 T 作为仿真钟推进的固定时间增量。仿真从开始即按时间单位 T 等距推进(跳跃)，每次推进都需要扫描所有的活动，检查该时间区间内是否有事件发生。若无，则仿真钟继续推进；若有，则记录此时间区间，从而得到有关事件的时间参考数。若有若干事件同时发生，除了记录该事件的时间参数外，还需事先规定这种情况下对各类事件处理的优先序列。

时间间隔法的缺点是时间增量 T 的确定较难。若 T 过大，则引入误差较大；若 T 过小，则由于每步都要检查是否有事件发生，增加了执行时间。因此，除了具有较强的事件发生时间周期性的系统外，大部分离散事件系统的仿真采用面向事件的仿真钟推进方法。

2. 离散系统的仿真策略

如何建立仿真模型中各实体之间的逻辑联系，推进仿真时钟是离散系统仿真的关键。一般而言，离散系统的仿真策略有事件调度法、活动扫描法和进程交互法三种。

(1)事件调度法。该方法通过事件的产生和处理，直接对事件进行调度。其基本思想是用事件的观点来分析真实系统，通过定义事件及每个事件发生时系统状态的变化，按时间顺序确定并执行每个事件发生时有关的逻辑关系。

用事件调度方法建立仿真模型时，所有事件连同其发生时间均需放在事件表中。模型中有一个时间控制模块，不断地从事件表中选择具有最早发生时间的事件，推进仿真时钟到该事件发生时间，并调用与该事件类型相应的事件处理模块，处理完后再返回时间控制模块。如此重复执行，直到满足仿真终止条件为止。

(2)活动扫描法。采取系统仿真时钟、实体仿真时钟或条件处理模块，对满足条件的活动通过调用相应的活动子例程进行处理。实质上，事件调度法是一种预定事件发生时间的方法。然而，有时事件除了与时间有关，还需满足另外某些条件才能发生。这样，由于这类系统的活动持续时间的不确定性，无法预定活动的开始与结束时间，仿真建模一般采用活动扫描法。

(3)进程交互法。该方法采用进程来描述系统。应用该方法需要将模型中能主动产生活动的实体历经系统时所发生的事件与活动按时间顺序进行组合，形成进程表。实体一旦进入进程，它将完成该进程全部的有关活动。

6.3.3 排队系统仿真

排队是日常生活中经常遇到的现象。例如，病人到医院看病，顾客到理发馆理发常常要排队等待。一般来说，当某个时候要求服务的数量超过服务机构的容量时，就会出现排队现象。在排队现象中，服务对象可以是人，也可以是物，或者是某种信息。在交通、通讯、生产自动线、计算机网络等系统中都存在排队现象。在各种排队系统中，由于对象到达的时刻与接受服务的时间都是不确定的，都随着不同时机与条件而变化，因此排队系统在零时刻的状态也是随机的，排队现象几乎是不可避免的。排队越长就意味着浪费的时间越多，这一系统的效率也就越低。但盲目地增加服务设备，就要增加投资或发生空闲浪费，未必能提高利用效率。所以，管理人员必须考虑如何在这两者之间取得平衡，以期提高服务质量，降低成本。

排队问题实质上是一个平衡等待时间和服务台空闲时间的问题，也就是如何确定一个排队系统，能使实体(指等待服务的人、物体或信息)和服务台两者都有利。排队论就是解决上述问题的一门学科，它又称随机服务理论，因为实体到达和接受服务的时间常常是某种概率分布的随机变量。

1. 排队论的基本概念

(1)排队系统的组成。一般的排队系统都有以下三个基本组成部分。

① 到达模式。指动态实体按怎样的规律到达，描写实体到达的统计特性。

② 服务机构。指同一时刻有多少服务台可以接纳动态实体，它们的服务需要多少时间，服从什么样的分布规律。

③ 排队规则。指对下一个实体服务的选择原则。

排队系统的基本结构可用图6-5表示。

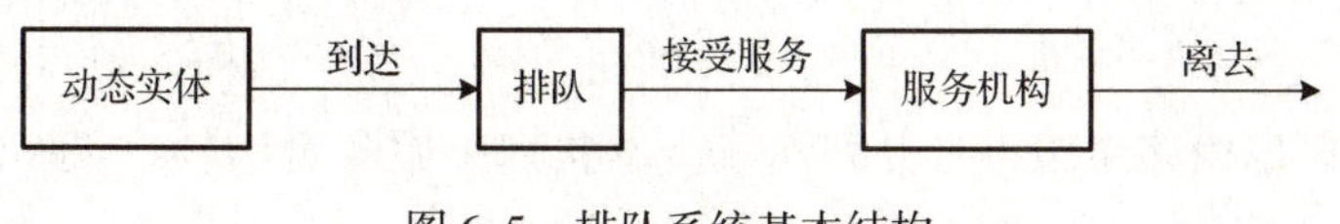

图6-5 排队系统基本结构

如何通过已知的到达模式和服务时间的概率分布，来研究排队系统的队列长度和服务机构“忙”或“闲”的程度，就是离散事件仿真所要解决的问题。

(2)到达模式。

到达模式是指顾客按照怎样的规律到达系统。它一般用顾客相继到达的间隔时间来描述。根据间隔时间的确定与否，到达模式可以分为确定性到达与随机性到达。

确定性到达模式是指顾客有规则的按照一定的间隔时间到达。这些间隔时间是预先确定的或者是固定的。等距到达模式就是一个常见的确定性到达模式，它表示每隔一个固定的时间段就到达一位顾客的到达模式。

随机性到达模式是指顾客相继到达的间隔时间是随机的、不确定的。它一般用概率分布来描述。常见的随机性到达模式有以下几种模式。

① 泊松到达模式(也称 M 型到达过程)。泊松到达模式一般需要满足 4 个条件，即平稳性、无后效性(独立性)、普通性和有限性。其到达的分布函数为：

$$A_0(t) = P(T \geqslant t) = \begin{cases} e^{-\lambda}, & t \geqslant 0 \\ 1, & t < 0 \end{cases}$$

其中，λ 为平均到达速度，即单位时间内到达的顾客数。

泊松分布是一种很重要的概率分布，出现在许多典型的系统中，如商店顾客的到来、机器到达维修点等均近似于泊松到达模式。

② 爱尔朗分布到达模式。爱尔朗分布常用于典型的电话系统。其到达的分布函数 $A_0(t)$ 为：

$$A_0(t) = e^{-k\lambda t} \sum_{n=0}^{k-1} \frac{(k\lambda t)^n}{n!}$$

其中，λ 为平均到达速度，k 为大于零的正整数。

③ 一般独立到达模式。也称任意分布的到达模式。指到达间隔时间相互独立，分布函数 $A_0(t)$ 是任意分布的到达模式。这种分布往往可以用一个离散的概率分布表加以描述。

此外，还有超指数到达模式、成批到达模式等。前者主要用于概率分布的标准差大于平均值的情况下，后者则与到达时间间隔的分布无关，只是在每一到达时刻，到达的顾客个数不是一个，而是一批。

(3)服务机构。

服务机构和顾客(被服务者)组成了排队系统，服务机构的结构与顾客被服务的内容和顺序组成了整个排队系统的仿真对象。

① 服务机构(服务台)。服务机构是指同一时刻有多少服务台可以提供服务，服务台之间的布置及关系是什么样的。服务机构不同，排队系统的结构也不相同。根据服务机构与队列的形成方式不同，常见且比较基本的随机服务系统的结构一般可由若干级串行组成，而每一级又可以由多个服务台并列而成。单队列单服务台结构、多队列单服务台并联且共同拥有一个队列的结构、多个服务台并联且每个服务台前有一个队列的结构是一些典型而基本的结构。

一个较为复杂的随机服务系统结构往往是由以上几种基本结构组合而成的，如一条较为复杂的加工生产线可视为几个基本结构的组合系统。

② 服务时间。服务台为顾客服务的时间可以是确定的，也可以是随机的。实际的排队系统的服务时间常常为随机的，即服务时间往往不是一个常量，而是受许多因素影响不断变化的，这样我们对于这些服务过程的描述就要借助于概率函数。服务时间的分布有以下几种。

定长分布：这是最简单的情形，所有顾客被服务的时间为常数。

指数分布：当服务时间完全随机时，可以用指数分布来表示它。

爱尔朗分布：它用来描述服务时间的标准差小于平均值的情况。

超指数分布：与爱尔朗分布相对应，用来描述服务时间的标准差大于平均值的情况。

一般服务分布：用于服务时间是相互独立但具有相同分布的随机情况。上述分布是一般分布的特例。

正态分布：在服务时间近似于常数的情况下，多种随机因素的影响使得服务时间围绕此常数值上下波动，一般用正态分布来描述服务时间。

服务时间依赖于队长的情况：即排队顾客越多，服务速度越快，服务时间越短。

(4)排队规则。

当顾客进入系统后或顾客进入各级服务台前都有可能因为服务台忙而需要排队等待服务，即不能立即被服务，顾客在排队等待服务时有不同的规则。

排队规则确定了顾客在队列中的逻辑次序，服务台空闲时哪一个顾客被选择服务，以及顾客按什么样的次序与规则接受服务。

排队主要有以下几种规则。

① 损失制。若顾客到达时，系统所有的服务机构均为非空，则顾客自动离去，不再回来。

② 等待制。若顾客到达时，系统所有服务台均为非空，则顾客就形成队列等待服务。它具体包括以下几种形式。

先到先服务(FIFO)：即按照到达次序接受服务，这是最常见的情况。

后到先服务(LIFO)：与先到先服务相反，后到达的顾客先接受服务。如乘电梯的顾客通常是后进先出的，仓库中堆放的大件物品也是如此。最后到达的信息往往是最有价值的，因而常采用后到先服务的规则。

随机服务(SIRO)：服务台空闲时，从等待的队列中任选一个顾客进行服务，而不管到达的先后顺序。这时队列中每一个顾客被选中的概率相等。

按优先权服务(PR)：当顾客有着不同的接受服务的优先权时，有两种情况：一是服务台空闲时，队列中优先级别最高的顾客先接受服务；二是当有一个优先权高于当前被服务顾客的顾客到达时，则中断当前服务转而对有优先权的顾客进行服务。常见的如医院中急诊病人总是优先得到治疗。

最短处理时间服务(SPT)：服务台有空时，首先选择需要最短服务时间的顾客来进行服务。

③ 混合制。这是损失制与等待制混合的类型。它主要包括以下几个规则。

限制队长的排队规则：设系统存在最大允许队长 N，顾客到来时，如果队长小于 N，则加入排队，否则自动离去。

限制等待时间的排队规则：设顾客排队等待的时间最长为 T，则当顾客等待时间大于 T 时顾客自动离去。

限制逗留时间的排队规则：逗留时间包括等待时间与服务时间。如果逗留时间大于最长允许逗留时间，则顾客自动离去。

(5) 排队系统的符号表示。

排队系统的表示方法通常采用 A/S/C/N/K 的表示形式，其中 A 表示相继到达时间间隔的分布，S 表示服务时间的分布，C 表示并列的服务台的数目，N 表示排队的规模，K 表示顾客源(总体)规模。当 N，K 为无穷时，也可以写成 A/S/C 的形式。

常用的表示相继到达间隔时间和服务时间的概率分布的符号是：

M——负指数分布(M 是指 Markov 性，因负指数分布具有无记忆性即 Markov 性)；

D——确定性；

E_k ——k 阶爱尔朗分布；

GI——一般相互独立的随机分布；

G——一般随机分布。

例如，M/M/1 表示相继到达间隔时间为负指数分布，服务时间为负指数分布，单服务台模型；D/M/2 表示确定的到达时间间隔，服务时间为负指数分布，两个平行服务台(但顾客是一队)的模型；GI/G/1 表示单服务台，有一般相互独立的随机到达和一般随机服务时间的模型。

2. 单服务台系统的仿真

单服务台系统是排队系统中最简单的结构形式。在该类系统中有一级服务台，这一级中也只有一个服务台。如只有一个职员的邮局，只有一台机器加工一个工序的加工系统等。它的结构如图 6-6 所示。

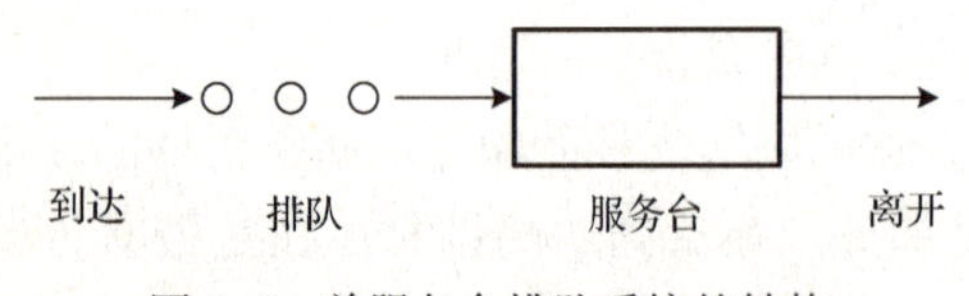

图 6-6　单服务台排队系统的结构

(1) 事件类型。

单服务台结构的排队系统有两类原发事件，即到达与离开，而每一原发事件又带有一个后续事件，所以共有四类事件，如表 6-1 所示。

表 6-1　排队系统的事件类型

事件类型	性质	事件描述	带后续事件
1	原发	到达系统	3
2	原发	服务结束，顾客离开	4
3	后续	顾客接受服务	
4	后续	服务台寻找服务	

(2)事件处理子程序框图。

每一类事件都有一个事件处理子程序，在单服务台的排队系统中 4 类事件的子程序框架如图 6-7 所示。

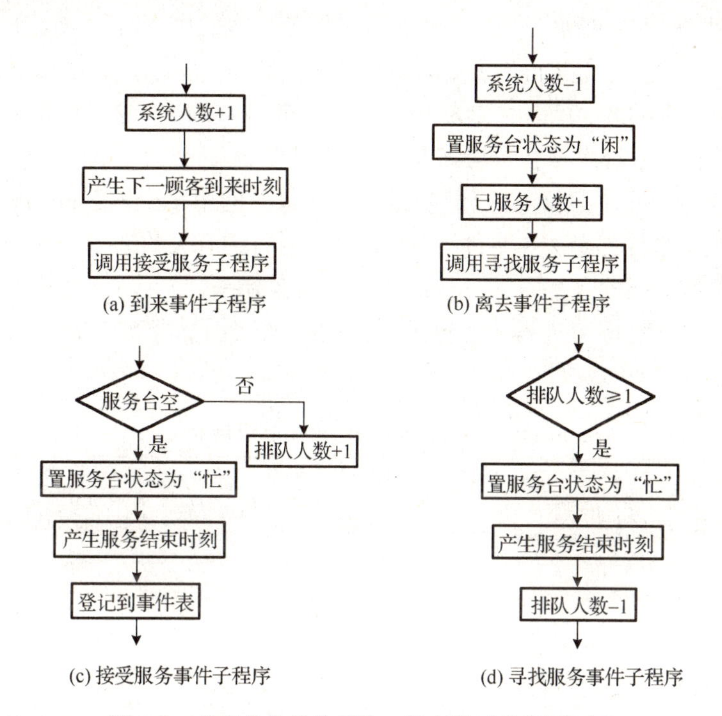

图 6-7　单服务台排队系统 4 类事件子程序框架图

(3)仿真过程。

举一个单服务台的例子，以便更好地理解排队系统的仿真过程。

在只有一个职员的邮局排队系统中，服务参数为 M/M/1，$\lambda = \mu = 0.1$，排队规则为 FIFO，仿真时钟以分为单位，仿真时间为 240 分钟。

表 6-2 中的第 1 列与第 2 列组成了一个事件表，它列出了原发事件(到达与离开)发生的特定时刻，仿真钟按事件表中的特定时刻从 0 逐渐跳跃到 240。

这个表描述了整个仿真模型的运行过程。

① 仿真开始，仿真钟置为 0，设置初始状态为邮局刚开始营业。

② 第一个事件是第一个顾客到来事件(1 类事件)，到达的时刻为 0，产生下一个顾客到来时刻(等于当前顾客到达时刻 + 到达时间间隔)为 7 分。因为服务台状态为闲，队长为 0，顾客立即得到服务，系统中顾客数为 1，顾客等待时间为 0。服务时间为 10 分，服务结束时刻(到来时刻 + 等待时间 + 服务时间)为 10 分，顾客在系统中逗留时间(等待时间 + 服务时间)为 10 分。

③ 比较下一顾客到达时刻(7 分)与此顾客离去时刻(10 分)的大小，按事件调度法原理，下一最早事件是 1 类事件，由此得出表中第三行有关的数据，事件类型为 1 类，仿真钟推进到 7 分，第二个顾客到达，到达时刻为 7 分，产生下一同类事件(到达事件)，发生时刻为 25 分。由于第一个顾客还未离开，该顾客等待，队列长度为 1，系统中顾客数为 2(1 +

1)。由于第二个顾客只有在前一个顾客离开后才能得到服务，因此该顾客的服务开始时刻等于前一个顾客离开的时刻，从而可以计算出其排队等待时间(服务开始时间 - 到达时刻)为3分，产生服务时刻为6分，离去时间则为16分，逗留时间为9分。

④ 再比较下一到达时刻(25分)与正在接受服务顾客的离去时刻(16分)，可知下一最早发生事件是2类事件，由此得出表中第四行的相关数据，事件类型为2，仿真钟推进到10分，离开的是第一个顾客，离去时刻为10分，已服务人数加1。这时暗示着第二个顾客开始接受服务，队长和系统中顾客数均减1。

⑤ 继续比较下一到达时刻(25分)与正在接受服务的第二个顾客的离开时刻(16分)，可知下一最早发生事件仍是2类事件，于是得到第五行的有关数据，当第二个顾客离开时，队列中无顾客等待，服务台变空，一直到第三个顾客到来(25分)。计算服务台闲置时间(25 - 16 =9分)，如此持续进行，直到仿真钟(如242分)大于设定的仿真时间(240分)为止。

表6-2 单服务台排队系统仿真表

(1) 仿真时钟	(2) 事件类型	(3) 顾客	(4) 下一到来时刻	(5) 队长	(6) 等待时间	(7) 服务开始时间	(8) 服务时间	(9) 离去时间	(10) 服务台状态
0	-	-	-	0	-	-	—	—	0
0	1	1	7	0	0	0	10	10	1
7	1	2	25	1	3	10	6	16	1
10	2	1	-	0	-	-	-	10	1
16	2	2	-	0	-	-	-	16	0
25	1	3	26	0	0	25	5	30	1
26	1	4	28	1	4	30	53	83	1
28	1	5	30	2	55	83	34	117	1
30	2	3	-	1	-	-	-	30	1
30	1	6	46	2	87	117	12	129	1
…	…	…	…	…	…	…	…	…	…
236	2	13	0	0	-	-	-	-	1
238	2	14	0	0	-	-	-	-	0
240	1	-	-	-	-	-	-	-	1

6.3.4 库存系统仿真

企业的生产过程既是产品的制造过程，同时也是物资的消耗过程。“库存是万恶之源”，良好的库存控制，不但可以保障企业生产经营的正常进行，而且可以降低成本，加速资金周转，减少资金占用。可以说，能否有效控制库存量，已经成为一个企业管理水平的重要标志之一。

1. 库存系统结构

图6-8描述了一个库存系统。它主要包括库存状态、补充和需求三个方面。库存状态是指存货随着时间的推移而发生的盘点数量的变化，其数量随着需求过程而减少，又随着

补充过程而增加。需求是系统的输出，它可以有不同的形式，包括连续需求、间断需求、已知的确定性需求和随机需求等。无论是哪一种形式，一般来说均不受控制。给定了需求形式，系统的输出特性也就相应确定了。补充是系统的输入，补充策略是根据系统的目标和需求方程来确定的。不同的需求与补充决定了库存系统的库存状态，它是一个随时间变化而变化的动态过程。

图 6-8　库存系统

2. 库存系统的参数

库存系统主要有以下几种常用的参数。

(1) 需求速度 D。也称为平均用量，是指材料在单位时间内耗用的平均量。它可以是一个定值表示需求稳定，也可以是个变量。既可以是确定性值，也可以是一个随机量。

(2) 库存量。表示当前的库存状态。

(3) 最高库存量 M。为特定时间内库存的最高限额，即存量限制的目标。

(4) 最低库存量 L。为用于采购延误或用量突增之用，以免停工待料产生损失，也称为安全存量。

(5) 订货量。每次订货的数量，可以是一个确定量，也可以根据当前库存量而定的一个变量。

(6) 订货提前期 B。从货物订购到货物入库所需的时间，通常也是个随机量。

(7) 订货周期长度 N。订货时一般使用固定周期，即到一定的时间做出订货，但是也可以是不固定周期，即根据库存量来决定是否订货。

(8) 存储费用。

库存系统中发生的主要费用可以分为以下三类：

(1) 存储费用，应包括搬运、储存、损耗、保险及存货利息等；

(2) 缺货损失，单位时间内每单位产品所承担的待料损失；

(3) 订购费用，随每批订货所发生的支出，如印花税、报送费、通讯费、采购部门的办公费用等。

3. 库存状态的动态变化

根据系统参数的特性不同，可以将系统分为确定型库存系统和随机型库存系统，这两类系统的库存状态变化是不同的。

确定型库存系统的需求过程是确定的或稳定均匀的，补充过程也是确定的，即订货提前期为零或是固定的时间段。确定型库存系统可以确知其需求特性和补充过程，其存货的控制比较容易，可以通过解析的方法来寻找最佳订货点和订货量，以确保库存系统生命周期内发生的费用最小。

随机型库存系统的状态影响因素是随机的、不确定的。其随机性主要表现为需求的随机性和订货提前期的不确定性。对于不同的库存系统，影响因素的类型是不同的，有的系统仅输入过程或输出过程存在随机性，而更多的库存系统输入和输出两方面都是随机的。

需求速率D随机变化时，每次订货的订货量也将随之变化，而系统的库存状态也不同于确定型的，即是随机变化的。

由于随机型库存系统随时会受到不确定因素的影响，不仅影响存货量的输入、输出因素在随机变动，不同的时期存储费用的发生也经常是随机波动的。求解这类复杂的库存系统问题时，数学解析方法往往变得无能为力，而仿真的方法用来解决随机过程服从一定分布的库存系统问题是非常合适的。在这类系统中，存在的确定性因素非常少，系统欲实现费用最小的目标，其可以控制的因素主要包括订货点和每批订货量。

4. 库存系统的基本类型

事实上，任何一个库存系统总有其确定性的影响因素和不确定性的因素，而不同的库存系统，其确定和不确定因素的类型也往往是不同的。根据这种影响因素的不同，可以将常见的库存系统分为以下几类。

(1)无缺货零提前期批量模型。在这类系统中，由于缺货损失无限大，不允许出现缺货现象。另外，货物也是可以及时补充的，不需要提前订货，货物随订随到。对于这一类系统，费用发生仅涉及订货费用与存储费用。

(2)有订货提前期和延期交货的库存系统。在这类系统中，有了订货提前期，要求系统提前订货，即在期望货物入库的时间点之前订货。当一个库存系统的缺货费用有限时，允许一定量的缺货将会实现一些经济利益，更有利于存货量的控制。这时存储费用将包括存储费用、缺货损失和订货费用三个方面。

(3)制造批量类型。在制造批量中，货物的入库是一个逐渐的过程，而不是一次完成的。这种系统中补充过程也会受到不确定性因素的影响，因而补充速度也可能是随机的，当然，上述订货提前和缺货问题也可能在这类系统中发生。

(4)数量折扣模型。通常在采购物品时，会得到一个价格上的折扣，当一次采购量达到或超过折扣点时，货款往往会在单位价格上降低，有时可能会有多个折扣点。对于这类问题，库存系统在控制存储费用时，必须考虑折扣因素的影响，加大订货量会增加存储费用，但同时又会减少订货费用并带来折扣优惠，有必要在这三者之间权衡。常见的做法是在各折扣价格下找出费用极低的订货量，最后在所有极低订货量中确定出费用最小的量，以享受这一订货批量档上的价格优惠。

(5)涨价模型。当一个库存系统确知在未来某一时间货物价格将要上涨时，需要存储大量的货物以备未来消耗，力图降低价格上涨带来的影响。与此同时，货物的存储费用也会上升，权衡二者确定最佳存储量是这类模型解决的问题。

5. 蒙特卡罗法仿真库存问题

蒙特卡罗(Monte－Carlo)法是以概率和统计的理论、方法为基础的一种计算方法，将所求解的问题同一定的概率模型相联系，用电子计算机实现统计模拟或抽样，以获得问题的近似解，故又称统计模拟法或统计试验法。

蒙特卡罗法的基本思想是，首先为所要处理的问题建立一个概率模型，然后产生该问题的统计抽样样本，最后分析这些样本的特性，并以此作为原问题的解。其主要的理论依据是概率论中的大数定理。采用蒙特卡罗法时，需要作大量的统计模拟才能获得原问题的近似解，因而计算量非常大。随着计算机技术的迅速发展，这一制约蒙特卡罗法应用的主要因素已经得到解决。

以下通过一个多周期随机库存问题的实例来说明蒙特卡罗法的应用。

某公司订购并销售某种商品，基本资料为：

(1)连续性盘点，每次订货费为100元，每单位商品的购价为100元，单件货物的存贮费用为50元。

(2)采用缺货不供应处理方式，单件缺货损失费为30元。

(3)商品的年需要量预计为1000个。

(4)商品每天需要量为随机变量，订货期亦为随机变量。根据以往的统计资料，它们的概率分布为表6-3所示。

由于在订货期及需要量上的随机性，因此有必要确定最佳的存储策略，如最佳订货量和最佳订货点。主要有以下几个步骤。

第一步：用蒙特卡罗法模拟商品需求过程，从而确定订货期中商品需要量的分布。

为了计算订货期中需要量的概率分布，要把订货期和需要量两个分布进行合成。这一步骤一般采用数值方法来计算，对于本例必须计算 4×5=20 种组合，而且每种组合还会有各种不同的情况，计算十分烦琐，而且在订货期和需要量分布的级数很多的情况下，这种计算是不可能的。此时采用蒙特卡罗法则十分方便。

表6-3 某商品每天的需要量及订货期概率分布

每天需要量	分布概率	订货期	分布概率
0	0.05	0	0.00
1	0.10	1	0.15
2	0.15	2	0.20
3	0.40	3	0.50
4	0.15	4	0.15
5	0.15		

(1)对订货期和需要量分布概率进行随机数编码。随机数采用两位数学(从00~99)，如表6-4、表6-5所示。

表6-4 需求量分布概率的随机数编码

① 需求量(个/天)	② 概率	③ 累积概率	④ 随机数编码
0	0.05	0.05	00~04
1	0.10	0.15	05~14
2	0.15	0.30	15~29
3	0.40	0.70	30~69
4	0.15	0.85	70~84
5	0.15	1.00	85~99

表 6-5　订货期分布概率的随机数编码

① 订货期(天)	② 概率	③ 累积概率	④ 随机数编码
1	0.15	0.15	00～14
2	0.20	0.35	15～34
3	0.50	0.85	35～84
4	0.15	1.00	85～99

(2)利用随机数进行模拟试验。根据本例的要求，利用电子计算机产生一组随机数，填入表 6-6中。

表 6-6　订货期中商品需要量的试验表

①	②	③				⑥
模拟次数	订货期	订货期中商品需要量				订货期中商品需要量合计(个/LT)
	随机数及对应天数	第一天	第二天	第三天	第四天	
1	74　3	28　2	43　3	89　5		10
2	04　1	64　3				3
3	10　1	23　2				2
4	33　2	79　4	12　1			5
5	08　1	97　5				5
6	96　4	14　1	68　3	36　3	49　3	10
7	86　4	10　1	72　4	18　2	42　3	10

(3)用上述方法模拟试验 5000 次，模拟次数越多，试验的结果越接近理论值。得出订货期中商品需要量的概率分布。如表 6-7 所示。

表 6-7　订货期中商品需要量的概率分布

订货期中商品需要量(个)	概　　率	订货期中商品需要量(个)	概　　率
0	0.0098	11	0.0868
1	0.0162	12	0.0606
2	0.0244	13	0.0380
3	0.0774	14	0.0222
4	0.0578	15	0.0136
5	0.0758	16	0.0048
6	0.0910	17	0.0024
7	0.0954	18	0.0012
8	0.1168	19	0.0006
9	0.1110	20	0.0004
10	0.0938		

第二步：计算商品缺货的概率和平均缺货的个数。

(1)缺货的概率。

订货点低，可以减少库存量，但是有可能发生缺货损失。

当订货点(OP)在 20 个时，即商品库存量在 20 个时就开始订货，则不可能发生缺货，缺货的概率为 0。

当订货点(OP)在19个时，订货期中的需要量(DDLT)在20个的情况下，就会发生缺货，缺货的概率从表6-7中可知为：

$$P(DDLT>19)=P(DDLT=20)=0.0004$$

当订货点(OP)在18个时，订货期中的需要量(DDLT)在20个或19个的情况下，就会发生缺货，缺货的概率从表6-7中可知为：

$$P(DDLT>18)=P(DDLT=20)+P(DDLT=19)=0.0004+0.0006=0.0010$$

同样，当订货点(OP)在17个时，订货期中的需要量(DDLT)在20个、19个和18个的情况下，就会发生缺货，缺货的概率从表6-7中可知为：

$$\begin{aligned}P(DDLT>17)&=P(DDLT=20)+P(DDLT=19)+P(DDLT=18)=0.0004+0.0006+0.0012\\&=0.0022\end{aligned}$$

依次类推，可以求出订货点(OP)从20个直到0个为止，所有发生缺货的概率，如表6-8所示。

表6-8　订货点OP和缺货的概率

订货点OP	缺货的概率P(DDLT>OP)	订货点OP	缺货的概率P(DDLT>OP)
0	0.9902	11	0.1438
1	0.9740	12	0.0832
2	0.9496	13	0.0452
3	0.8722	14	0.0230
4	0.8144	15	0.0094
5	0.7386	16	0.0046
6	0.6476	17	0.0022
7	0.5522	18	0.0010
8	0.4354	19	0.0004
9	0.3244	20	0.0000
10	0.2306		

(2)平均缺货的个数。

当订货点OP=20个时，不可能发生缺货的现象，缺货的个数为0。即：

$$E(DDLT>20)=0$$

当订货点OP=19个时，而订货期的需要量DDLT在20个的情况下，就会发生缺货，个数为：

$$E(DDLT>19)=(20-19)\times P(DDLT=20)=1\times 0.0004=0.0004$$

当订货点OP=18个时，订货期中的需要量(DDLT)在20个或19个的情况下，就会发生缺货，个数为：

$$\begin{aligned}E(DDLT>18)&=(20-18)\times P(DDLT=20)+(19-18)\times P(DDLT=19)\\&=2\times 0.0004+1\times 0.0006\\&=0.0014\end{aligned}$$

依次类推，可以求出订货点(OP)从20个直到0个为止，所有发生缺货的个数，如表6-9所示。

表 6-9　订货点 OP 和缺货的平均个数

订货点 OP	缺货的个数 E(DDLT > OP)	订货点 OP	缺货的个数 E(DDLT > OP)
0	7.8420	11	0.3128
1	6.8518	12	0.1690
2	5.8778	13	0.0858
3	4.9282	14	0.0406
4	4.0560	15	0.0176
5	3.2416	16	0.0082
6	2.5030	17	0.0036
7	1.8554	18	0.0014
8	1.3032	19	0.0004
9	0.8678	20	0.0000
10	0.5434		

第三步：使用模拟方法决定最佳订货点和最佳订货量。

由于最佳的订货点和最佳的订货量是以年总费用最小为目标的，因此必须先计算年总费用。

$$\begin{aligned}\text{年总费用(TAC)} &= \text{年存储费用} + \text{年订货费用} + \text{年缺货损失}\\ &= (Q/2 + OP - L \times U) \times R + S/Q \times A + C \times E(\text{DDLT} > OP) \times S/Q\end{aligned}$$

式中：Q——订货量(个/次)($Q/2$ 为平均存储量)；

S——年需要量(个/年)；

R——单位商品存储费用；

A——订货费用(元/次)；

OP——订货点(个/次)；

L——订货期(天)；

U——每天的需要量(个/天)；

$E(\text{DDLT} > OP)$——订货点为 OP 时的平均缺货个数；

C——缺货损失(元/个)。

本例中，订货期 $L = 1 \times 0.15 + 2 \times 0.20 + 3 \times 0.50 + 4 \times 0.15$，每天需要量 $U = 1000/365$

在本例中，只有 OP 及 Q 是变量，因此，TAC 可以由 OP 和 Q 的组合来决定。当订货单在 1 ~ 20 之间变化时，订货量在 1 ~ 1000 变化，可以找出在变化过程中的最小的 TAC 值，它所对应的 OP 及 Q 值即是最佳的订货点与最佳的订货量。本例的最佳库存策略为，当订货点为 12，订货量为 65 时，最小的年总费用为 3484.26 元。

6.4　连续系统仿真

描述连续系统的最基本的数学工具是微分方程。连续系统仿真的中心问题是将微分方程描述的系统转变为能在数字机上运行的模型。转变方法主要有常微分方程的数值积分法和连续系统的离散化方法。本节首先简要介绍利用数值积分方法来建立离散形式模型之一——差分方程的方法，然后介绍常微分方程的数值积分法。

6.4.1 差分方程

设一阶微分方程及初值为：

$$\begin{cases}\dot{y}(t) = f[t, y(t)] a \leqslant t \leqslant b \\ y(a) = y_0\end{cases} \tag{6-3}$$

式6-3的解 $y(t)$ 是区间 $[a, b]$ 上连续变量 t 的函数。上述方程的数值解法是在若干离散点处，如 $a = t_0 < t_1 < \cdots < t_n = b$，计算出 $y(t)$ 的近似值 $y_0, y_1, \cdots, y_n$ 来代替连续变量 $y(t)$ 值。点列 $y_k(k=0, 1, \cdots, n)$ 称为式6-3在点列 $t_k(k=0, 1, \cdots, n)$ 的数值解，通常取等时间间隔，即 $t_i - t_{i-1} = h(i=0, 1, \cdots, n)$，$h$ 称为步长。可见，用数值积分法仿真连续系统，就是用某种离散化方法(如数值积分法，台劳展开式等)化成离散变量的问题——近似的差分方程的初值问题，然后逐步计算出 y_k。

6.4.2 欧拉法(Euler 法)

欧拉法是最简单的一种数值积分方法，虽然它的计算精度比较差，实际中也很少采用，但由于它导出简单，几何意义明显，便于理解，又能说明构造数值解法一般计算公式的基本思想，通常用它来说明有关的基本概念。

在区间 $[t_k, t_{k+1}]$ 上对式6-3求积分得：

$$y(t_{k+1}) = y(t_k) + \int_{t_k}^{t_{k+1}} f[t, y(t)] \mathrm{d}t \tag{6-4}$$

由于上式右端积分中含有未知函数 $f[t, y(t)]$，无法直接得到 $y(t_{k+1})$ 值，我们可以用矩形面积近似代替在该区间上的曲线积分，即：

$$\int_{t_k}^{t_{k+1}} f[t, y(t)] dt \approx f[t_k, y(t_k)] \cdot h \tag{6-5}$$

如果用在 t_k 时刻计算出的近似值 y_k 来代替 $y(t_k)$，代入式6-5右端，可得

$$y(t_{k+1}) \approx y_k + f(t_k, y_k) \cdot h = y_{k+1} \qquad h = 0, 1, \cdots, n-1 \tag{6-6}$$

式6-6为欧拉法计算公式。由于是用矩形面积代替小区间的积分，显然精度较低。为了计算提高精度，可以减少步长 h，这会导致计算次数增加，这样不仅使计算工作量增加，而且由于计算机的有限步长而引起的舍入误差，会因计算次数的增加使得累积误差的舍入误差加大。因此通过减少步长来提高计算精度是有限度的。欧拉法一般用于仿真精度要求不高的地方。

6.4.3 梯形法

欧拉法中用矩形面积代替小区间的积分，而在梯形法中，则是用梯形面积来代替每一个小区间的积分，显然这样会提高计算精度。梯形法的计算公式为：

$$y_{k+1} = y_k + \frac{h}{2}[f(t_k, y_k) + f(t_{k+1}, y_{k+1})] \qquad k = 0, 1, \cdots, n-1 \tag{6-7}$$

上式为含有待求量 y_{k+1} 的方程，通常解隐含 y_{k+1} 的方程是比较困难的。所以我们首先用简单的欧拉法计算 $y(t_{k+1})$ 的近似值，用 $y_{k+1}^{(0)}$ 表示，然后将其代入式6-7右端，计算 y_{k+1} 值。为了提高计算精度，可反复迭代计算，于是可得迭代公式如下：

$$y_{k+1}^{(0)} = y + f(t_k, y_k) \cdot h$$

$$y_{k+1}^{(1)} = y_k + \frac{h}{2}[f(t_k, y_k) + f(t_{k+1}, y_{k+1}^{(0)})]$$

$$\vdots$$

$$y_{k+1}^{(i+1)} = y_k + \frac{h}{2}[f(t_k, y_k) + f(t_{k+1}, y_{k+1}^{(k)})]$$

直到 $| y_{k+1}^{(i-1)} - y_{k+1}^{i} | \leqslant \varepsilon$（$\varepsilon$ 为给定的允许误差）。如果 $y_{k+1}^{(0)}$，$y_{k+1}^{(1)}$，… 这个序列是收敛的，那么就有极限存在，即 $i \to \infty$ 时，该序列趋于某一极限值，因此可用此极限值来作为 y_{k+1} 的值。可以证明，如果 $\partial f / \partial y$ 有界，且 h 取得较小，则上述序列必定收敛。从迭代过程可看出，每迭代一次，计算量增几乎一倍。在实际应用中，只要 h 取得足够小，常迭代一次就认为已经求得 y_{k+1} 了。这种迭代一次的计算公式为：

$$\begin{cases} y_{k+1}^{(0)} = y_k + h \cdot f(t_k, y_k) \\ y_{k+1} = y_k + \dfrac{h}{2} \cdot [f(t_k, y_k) + f(t_{k+1}, y_{k+1}^{(0)})] \qquad k = 0, 1, \cdots, n-1 \end{cases} \tag{6-8}$$

式 6-8 称为改进的欧拉法，又称为预估-校正公式。式 6-8 中的第一式为预估公式，第二式为校正公式。

6.4.4 四阶龙格-库塔法

如果要求较高的计算精度，则常采用四阶龙格-库塔法。龙格-库塔法是系统仿真中常用的方法之一，它的基本思想是台劳展开式。这里不加推导地直接引用其计算公式：

$$\begin{cases} y_{k+1} = y_k + \dfrac{h}{6} \cdot (k_1 + 2k_2 + 2k_3 + k_4) \\ k_1 = f(t_k, y_k) \\ k_2 = f(t_k + h/2, y_k + k_1 h/2) \\ k_3 = f(t_k + h/2, y_k + k_2 h/2) \\ k_4 = f(t_k + h, y_k + k_3 h) \end{cases} \tag{6-9}$$

四阶龙格-库塔法计算精度较高，其截断误差正比于 $o(h^5)$，欧拉法和改进的欧拉法截断误差分别正比于 $o(h^2)$ 和 $o(h^3)$。但是四阶龙格-库塔法计算量较大。

以上介绍的几种数值积分方法，只是针对一阶微分方程，如果对于高阶微分方程描述的系统，则可把高阶微分方程转化成一组一阶微分方程。每一个一阶微分方程都可用数积分法计算，这样就可以很容易地将整个系统的动态特性全部计算出来。所以对连续系统仿真，若采用微分方程数值积分法，其基础是一组一阶微分方程或状态方程。

6.5 系统动力学

6.5.1 概述

系统动力学（System Dynamics，SD）是一门综合了反馈控制理论、信息论、系统论、决策论、计算机仿真和系统分析的试验方法而发展起来的，定性与定量相结合地研究复杂系统动态行为的应用学科，属于系统科学与管理科学的一个分支。它以系统思考的观点、方法来界定系统的组织边界、运作及信息传递流程，以因果反馈环路定性地描述系统的动态复杂性，在此基础上构建系统动力学流图模型而形成“策略试验空间”，管理决策者可在其中尝试各种不同的情境、构想及策略，并通过计算机仿真来定量模拟不同策略下现实系统的行为模式，以了解系统动态行为的结构性原因，最后通过改变系统模型结构或相关变量参数，分析并设计出良好的系统结构，以及动态复杂问题和改善系统绩效的高杠杆解决方案。

1. 系统动力学的起源及发展

系统动力学的创立始于20世纪50年代福雷斯特(Jay W. Forrester)教授受邀到美国麻省理工学院(MIT)史隆管理学院并将计算机科学和反馈控制理论应用于社会、经济等系统的研究。到1958年论文*Industrial Dynamics – A Major Breakthrough for Decision Making*发表及1961年专著《工业动力学》(*Industrial Dynamics*)出版时，系统动力学已见雏形。因为当时主要是用于工业系统的研究，所以取名工业动力学。在接下来的10年，福雷斯特相继出版了《系统原理》(*Principle of System*)、《城市动力学》(*Urban Dynamics*)及《世界动力学》(*World Dynamics*)三本专著。而福雷斯特的学生梅多斯(D. H. Meadows)应用系统动力学建立了世界模型，并在1971年发表了题为《增长的极限》(*the Limits to Growth*)的研究报告(受罗马俱乐部委托的研究)。这些研究成果涉及了城市、人口、住宅、企业、经济兴衰、失业、能源、农业、环境等多种系统及问题，这也标志着工业动力学逐步由工业系统、企业系统延伸到学习教育、组织学习、城市发展、区域及全球经济、生态环境等较大规模的社会、经济系统领域的综合应用研究。所以，为不失一般性，福雷斯特教授于20世纪70年代将“工业动力学”更名为“系统动力学”。到1983年，福雷斯特教授历时11年完成且方程数达4000的美国国家系统动力学模型，揭示了美国与细分国家经济长波形成的内在奥秘，使得系统动力学的理论、方法、思考模式逐渐成熟，为研究人类各种动态复杂系统问题提供了新的解决方案。

2. 系统动力学的基本观点

系统动力学从系统微观结构入手，构造系统的基本结构，以“白箱”方式模拟与分析复杂系统的动态行为，因此有着不同于“黑箱”模拟的基本观点。

(1)研究对象的前提。系统动力学所研究的系统必须是远离平衡的有序的耗散结构。

(2)复杂系统及特性。

① 社会、政治、经济、生态、军事、企业、物流、供应链等系统是具有自组织耗散结构性质的开放系统。

② 复杂系统是具有多变量、多回路的高阶非线性反馈系统，一切社会、生态、生物系统都是复杂系统。

③ 复杂系统具有复杂性、动态性、延迟性、突现性、反直观性、对变动参数的不敏感性、对变更策略的抵制性等动力学特性。

(3)系统结构与功能。

① 系统动力学认为，系统是结构与功能的统一体，分别表示系统的构成与行为的特征。

② 一阶反馈结构(或环路)是构成系统的基本结构，一个复杂系统则是由相互作用的反馈环路组成的。

③ 一个反馈环路就是由上述的状态、速率、信息三个基本部分组成的基本结构，其中主要的是状态变量、变化率量(目标、偏差、行动)。

④ 一个复杂系统的系统结构由若干相互作用的反馈环路组成，反馈环路的交叉、相互作用形成系统的总功能(行为)。

(4)内生的观点。系统行为的性质主要(但非全部)取决于系统内部的结构，即内部的反馈结构与机制。

(5)主导动态结构/变量作用原理。

① 主回路的性质及其相互作用主要决定了系统行为的性质及其变化与发展。

② 系统中有一部分相对重要的变量，对系统结构与行为的影响较大，且一般包含于主回路中，即灵敏变量。

③ 灵敏变量(往往非线性)若处于主回路中或两种极性回路的联结处，即使是微小变化，也可能使主回路转移，或改变其极性，甚至导致整个系统的结构与行为产生巨大变化。

(6)系统的历史性与进化规律。系统的结构、参数与功能、行为一般随时间的推移而变化。

3. 对系统的描述

(1)系统动力学利用状态变量来描述多变量系统，以揭示系统的内在规律与反馈机制。

(2)为了方便，将系统动力学描述系统的高阶非线性随机偏微分方程简化为确定性的非线性微分方程。

(3)系统动力学利用专用噪声函数(测试函数)来研究系统中存在的某些随机的不确定因素的影响。

(4)涉及人类活动的社会经济等复杂系统中，难于用明显的数学描述的结构称为“不良结构”。不良结构只能用半定量、半定性或定性的方法来处理，对于无法定量化或半定量化的部分则用定性方法处理。

(5)系统动力学一般是把部分不良结构相对地“良化”，或者用近似的良结构来代替，或定性与定量结合地把一部分定性问题定量化。

(6)系统动力学以定量描述为主，辅以半定量、半定性或定性描述，是定量模型与概念模型的结合与统一。

4. 系统动力学的特点及作用

系统动力学具有处理高阶次(High Level of Order)、多环路(Loop Multiplicity)、非线性(Non-linear)及时间延迟(Time Delay)的动态问题的优势，具体有如下几点。

(1)系统思考。闭环、动态、结构性思考。

(2)行为内生。行为来自结构，注重背后的反馈结构。

(3)动态发展。注重系统行为模式的动态变化。

(4)因果关联。注重内部、内外因素之间的相互关系。

(5)政策试验。通过仿真进行策略试验，类似物理化学试验。

(6)善于处理周期性/长期性问题。

(7)强调预测的条件。

(8)可处理数据不充分或难量化的情况。

系统动力学具有动态、易于描述非线性、易于定量、建模过程简单、定性与定量相结合等特点和优势，可用于以下几方面：

(1)现行政策报警；

(2)新政策实验；

(3)计划制订；

(4)管理、社会经济系统实验室；

(5)预测。

6.5.2 系统动力学的基本步骤

系统动力学可以将企业、物流、供应链等真实世界系统的结构与决策用一种动态的试验模型表示出来，并进行仿真。得到的仿真结果可以作为参考反馈信息来指导对所构建模型的修正，并改进或重新制定策略。然后将新的策略在系统模型中继续仿真，分析并比较结果，进一步改善模型和策略。上述过程一般会不断循环、往复进行，直到所构建的模型更接近实际情况。整个过程就是系统动力学认识、分析和解决问题的基本步骤(Sterman, 2000)，如图6-9所示。

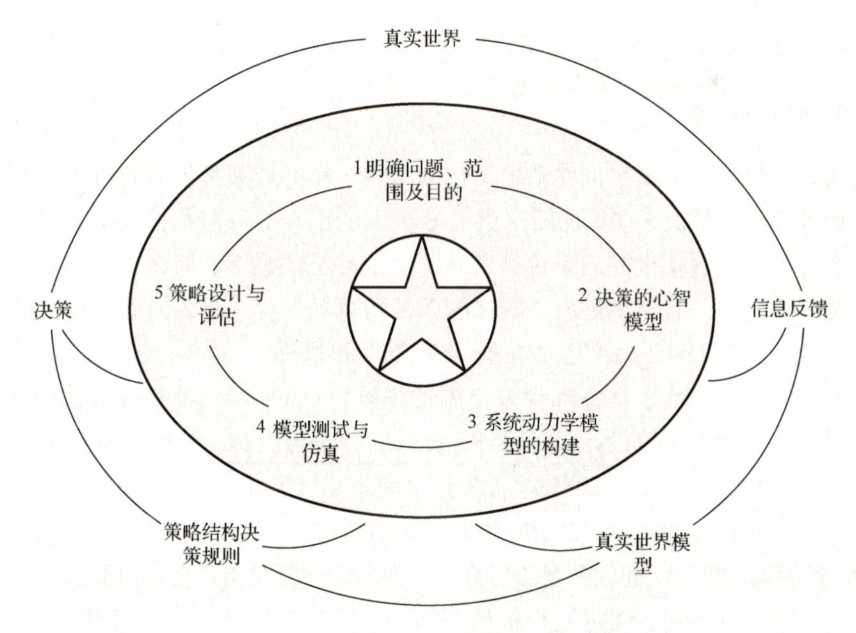

图6-9 系统动力学的建模规则与步骤

1. 明确所研究系统的范围及目的

系统动力学对社会经济系统进行仿真试验的目的主要是认识和预测系统的结构及未来

的行为，以便为进一步确定系统结构和设计最佳运行参数，以及制定合理的政策提供依据。所以，针对具体的对象系统，建模仿真的目的是不同的，必须明确所要研究的问题、建模的目的以及所研究系统范围的界定。

2. 决策心智模型(Mental Model)的确定

决策心智模型是指导系统动力学模型构建的纲领，在研究每个具体的系统问题时，都必须有一个针对具体问题的心智模型，系统模型的高层结构范围图(Model Boundary Diagram)、因果关系反馈环路图(Causal Loop Diagram)、系统动力学的详细流图(Stock and Flow Map)等的构建都必须围绕心智模型展开。决策心智模型的建立主要是利用系统思考的观点和方法，整体和系统地考虑所研究的对象系统的问题。

3. 系统动力学模型的构建

系统高层结构模型的构建主要包括系统成员的确定及系统业务流程的确定，系统高层结构图是系统结构的整体反映。

因果关系反馈环路模型的构建主要包括所研究系统问题的主要相关变量的确定，各变量之间的因果关系及反馈环路结构的确定。因果关系反馈环路图是对系统问题的定性的描述，是系统动力学后续建模仿真得以顺利进行的基础。

系统动力学详细流图模型的构建主要包括系统动力学详细流程图的构建及系统结构的数学或逻辑关系的确定。流程图是根据因果关系反馈环路，利用系统动力学特有的描述各种变量及其相互关系的符号绘制而成的。

4. 模型测试与仿真

系统动力学模型是对真实世界系统简化的结果，并不是真实世界系统的复制品，所以从再现客观世界真实情况来讲，任何模型都是不完全正确的。但是，只要模型能在既定的条件约束下有效接近真实世界的系统，完成既定条件下的目标，那么就可以说，由此而构建的模型是有效的。一旦模型远离了既定的条件约束和目标，那么模型的有效性便没有了多大意义，所以，为了保证模型能满足既定的条件和目标，必须对模型进行必要的测试。模型测试的主要目的是为了保证和提升模型的稳健性(Robustness)和有效性(Usefulness)，使得所构建的模型能为决策设计提供科学、有效的参考与支持。一般测试包括量纲一致性测试、极端条件测试、行为再现测试、行为异常测试和敏感性测试等。

模型的有效性得到验证后，设定好相关变量的初值、仿真运行参数(如运行时间范围及步长)及仿真情景，便可以进行模型的仿真了。进一步需要对仿真结果进行分析，找出系统结构或策略的缺陷与不足，确定是否对模型结构、相关参数进行修正或改进相关的策略，然后再进行仿真试验，使模型和策略更接近于现实世界的真实系统。

5. 策略设计与评估

根据前面得到的仿真模型与仿真结果，讨论其在现实世界中的应用与实施的方法，主要包括：各种不同情境的设计与描述，适用于何种环境；决策的设计及应用，如何应用于真实世界；评估所设计决策的影响，将产生什么影响及反应等。

6.5.3 系统动力学建模的方法

系统动力学建模是系统动力学实现仿真的基本前提。系统动力学模型一般涉及系统高层结构模型、因果关系反馈环路模型和系统流图模型，此外，还有一种结合了因果关系反馈环路和流图的混合图模型。

1. 系统高层结构模型的构建——框图法

框图即系统结构框图，一般用方块、圆圈等符号简明表示系统主要子块并描述它们之间物质与信息的交互关系。框图法比较简单，但在建模初期的系统分析与系统结构分析中的作用非常明显，框图的简便有助于确定系统界限、分析各子模块间的反馈关系以及系统内可能的主要回路。图 6-10 为 Forrester 供应链流程框架图。

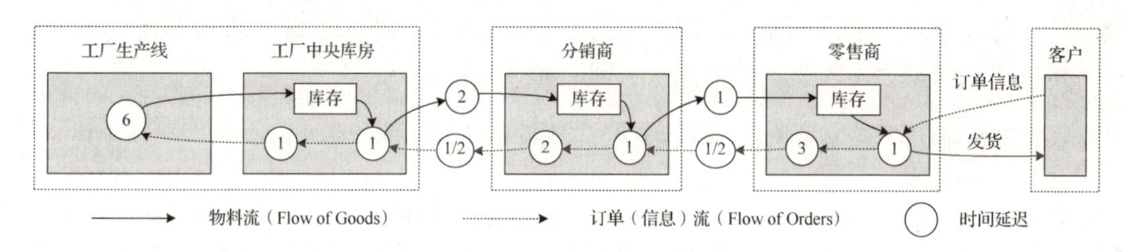

图 6-10 Forrester 供应链流程框图

2. 因果反馈环路模型的构建——因果关系环路法

因果关系环路法是利用因果关系来表达系统结构中各变量之间的关系以及反馈环路的方法，是一种非技术性、直观描述模型结构的方法，多用于构思模型的初期阶段，有助于与不熟悉系统动力学的人员交流讨论系统问题。因果反馈环路建模方法是系统动力学定性分析和研究开放复杂巨系统的内在因果关系及其反馈机制的常用的有效方法。

(1)因果关系。

因果关系(Causal Relation)是系统内部各要素之间及系统与环境之间存在的固有关系，是对社会系统内部关系的一种真实的写照，构成系统动力学模型的基础，进行系统分析的着重点。在进行社会经济系统仿真时，因果关系分析是建立正确模型的必由之路。因果关系的意义有以下几点。

① 通过因果关系的确定来说明社会系统中的问题，既符合逻辑，又直观明了。因此，因果关系分析给我们研究社会经济系统提供了科学的思路。

② 因果关系的确定能将复杂的社会经济系统进行必要的简化，使人们的思路清楚，从而为人们研究社会经济系统提供了沟通信息的渠道。

③ 借助于因果关系，可以说明社会经济系统的边界和内部要素，为因果反馈环路模型和流图模型的建立提供基础。

如图 6-11 所示，系统中的要素用封闭轮廓线表示，中间标注其名称或符号。从变量(要素)A 向变量(要素)B 的箭头线表示 A 对 B 的作用。箭尾 A 是原因，箭头 B 是结果。这个箭头线被称为因果关系键。如果变量 A 增加，变量 B 也随之增加，即 A，B 的变化方向一致，则称为 A，B 间具有正的因果关系，用“+”号标于因果关系键旁，这种键被称为正因果关系键。如果变量 A 增加，变量 B 反而减少，即 A，B 两变量变化的方向相反，则 A，B 间具有负因果关系，其键用“-”号标记，并称之为负因果关系键。正因果关系键与负因果关系键分别简称为正键、负键。

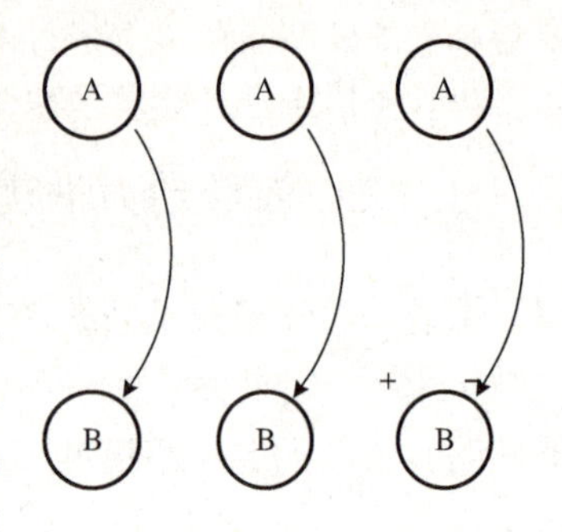

图 6-11　因果关系键

因果关系是逻辑关系，没有计量和时间上的意义，也就是说，变量 A，B 间数量的大小和延迟关系都不影响因果关系键的存在。在系统中，任意具有因果关系的两个变量，它们之间的关系不是正关系，就是负关系，没有其他第三种关系。通过因果关系键我们可以把复杂的社会经济系统描述成易于理解的构架，以这个构架为基础，深入理解系统的本质并进一步构建系统动力学模型。因果关系示例，如图 6-12 所示。

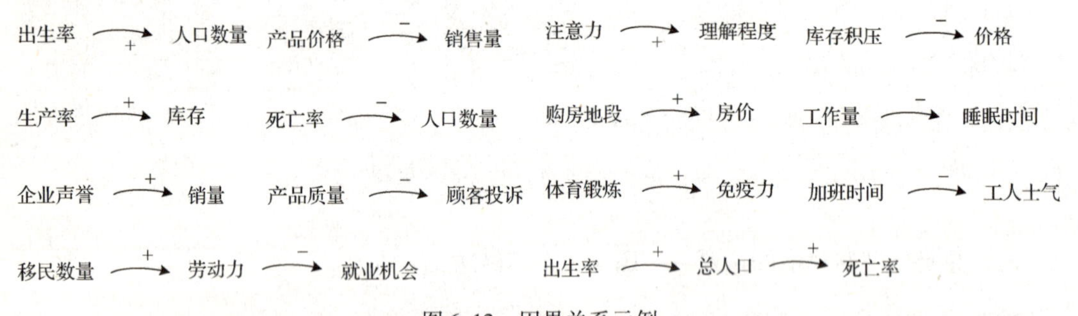

图 6-12　因果关系示例

(2)反馈环。

反馈环也称为因果反馈环(Feedback Loop)，按业务流程顺序连接了系统策略、状态和信息，最后回到决策并对其产生反作用的封闭环路，也就是两个以上的因果关系键首尾串联而成的封闭环路。因果关系环中，无法确定何处是环的起点或终点，即无法判断哪个变量是因，哪个变量是果。

如图 6-13 所示，因果关系键有正键与负键之分，因此由这种键串联而成的反馈环也可以分为正反馈环和负反馈环。如图(a)所示，如果变量 A 增 ΔA，变量 B 增加 ΔB 之后，而变量 C 则减少 ΔC；变量 C 减少 ΔC 之后，又使变量 A 再增加 $\Delta A'$。这就是说，当变量 A 增加 ΔA 之后，通过整个因果反馈环的影响，最后使变量 A 的增量成为 $\Delta A+\Delta A'$；如果变量 A 减少 ΔA，结果会使变量 A 再减少 $\Delta A'$，从而使总的减少量为 $\Delta A+\Delta A'$。总的来说，在反馈环中任一变量的变动最终会使该变量同方向变动的趋势加强，这种具有自我强化效果的因果反馈环，称为正因果反馈环(简称正环)，也称为增强型反馈环(Reinforcing Loop)。同理，如果当环中某一个变量发生变化后，通过环中变量依次的作用，最终使该要素减少其变化，这种反馈环称为负因果反馈环(简称负环)，也称为平衡型反馈环(Balancing Loop)。显然，

图6-13中(a)为正反馈环，(b)为负反馈环。负反馈环的行为是使变化趋于稳定，是一种自我调节的行为。因此，社会经济系统主要是通过负反馈环的作用而达到稳定状态的。

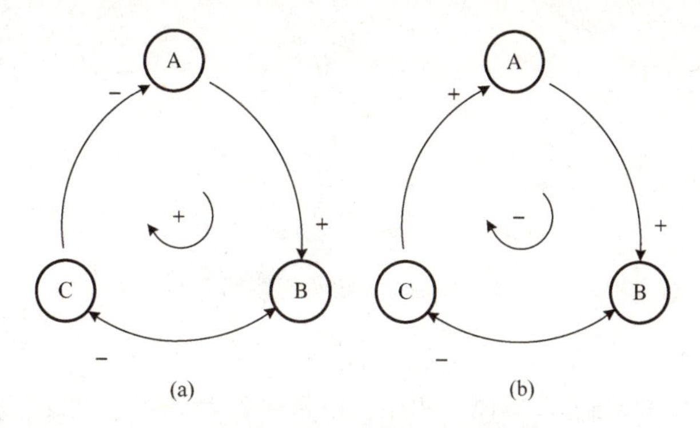

图6-13　反馈环示意图

对于一个复杂的因果环，可以通过以下规律来判断其极性：

① 若反馈环中各键均为正键时，该环为正环；

② 若反馈环中有偶数个负键，该环也为正环；

③ 若反馈环中有奇数个负键，则该环为负环。

总之，因果关系环只有正环、负环两种，正环会产生自我强化的变动效果，负环则产生自我调节的变动效果。

① 一阶正反馈环。正反馈环具有自我强化的效果。例如，人口与年出生数的关系，如果年出生数增加，人口必然增加。如果人口增加，年出生数也会增加。因此，如图6-14所示，在年出生数与人口之间形成了正反馈环。在这个反馈环中包含有一个积累量(即人口)。由前面的概念可知，反馈环中的一个积累变量对应于一个一阶常微分方程式，我们把反馈环中的积累变量的个数称为反馈环的“阶”。因此，这个正反馈环称为一阶正反馈环。

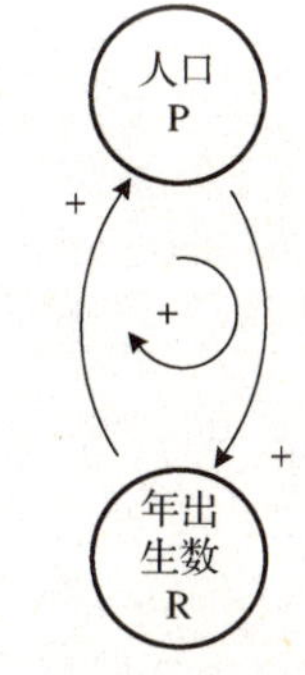

图6-14　一阶正反馈环

② 一阶负反馈环。负反馈环具有自我调节的效果。例如，库存系统，假设只有入库量而没有出库量，而且订货过程与入库过程都没有时间延迟，也就是说，只要决定订货，货物就可以立即送到仓库。在这个系统中，影响库存量的因素只有订货速度(单位时间的订货量)。订货速度大，库存量增加得快，订货速度小，库存量增加得慢。因此订货速度与库存量之间存在着正因果关系。库存量不能无限制地增长，假设有一个最满意的库存量，即目标库存量。这个目标库存量影响订货速度大小的决定，当实际库存量少于目标值时，存货差就是正值，管理员就要考虑订货。影响订货速度的另一个因素是调整周期，即在多长时间内将货物进足，这样就构成了一个库存系统反馈环。如图6-15所示，各要素间形成了一个负反馈环，因为该系统只有一个积累量即库存量，因此是一阶负反馈环。在这个系统中，只要库存目标值与调整库存量的“调整周期”确定了，负反馈环就开始作用，系统自动调整订货速度而使库存量符合管理者所期望的库存量。

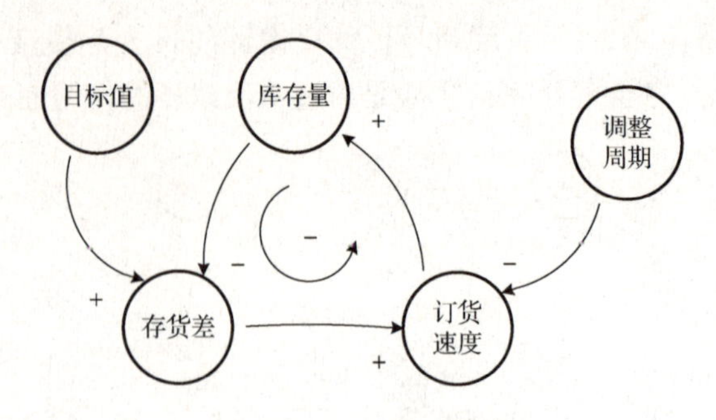

图 6-15　一阶负反馈环

③ 二阶负反馈环

在实际系统中，信息(流)在传递过程中，总是伴随着延迟。例如，在图 6-15 中，一旦决定订货，而实际上订货不可能立即进入库存。商品的流动有一阶延迟。因此在图 6-16 中，在订货量 R_1 和库存量 I 之间引入了一阶指数延迟，即增加了一个积累量——订货中的商品 G。这样，这个反馈环包含了两个积累变量，所以就形成了二阶负反馈环。

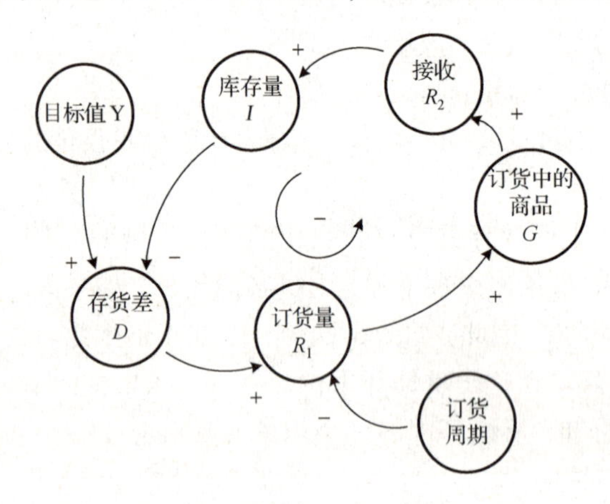

图 6-16　二阶负反馈环

在这个二阶库存管理系统中，“库存量”受“接收货物速度”的控制，库存量信息与期望库存量值(目标值)比较后，产生“存货差”，决策者根据存货值确定“订货量”，在“订货量”与“接收”即“收货量”之间有延迟，形成了“订货中的商品”即“途中货物量”。“途中货物量”影响“收货量”。

④ 正负反馈环。实际的社会经济系统中，一般不会仅由单一的正反馈环或负反馈环组成，而是由若干个正、负反馈环相连而形成的。系统本身的行为无所谓正负。当负反馈环的自我调节作用强于正反馈环的自我强化作用时，系统就呈现出趋于“稳定”的行为。相反，当正反馈环的自我强化作用强于负反馈环的自我调节作用时，系统则呈现出无限“增长”或“衰退”的行为。

以生物种群的繁衍为例。如图 6-17 所示，“物种总数”与“出生速度”构成正反馈环，同时“物种总数”与“死亡速度”构成负反馈环。这就是说，物种这个变量同时受“出生速度”和“死亡速度”的控制。当“出生速度”所在的正反馈环的自我强化作用高于“死亡速度”

所在的负反馈环的自我调节作用时，物种总数将呈现出无限增长的趋势。反之，物种的总数将趋于稳定值。

因果反馈环路法有着不可替代的优势，但也存在一定局限，主要表现为：不能区分系统中的不同性质的变量；仅能反映出变量的增加或减少，而不能描述变化的比例；不能描述积累效应的动态变化过程；只能定性描述，还需要进一步量化。

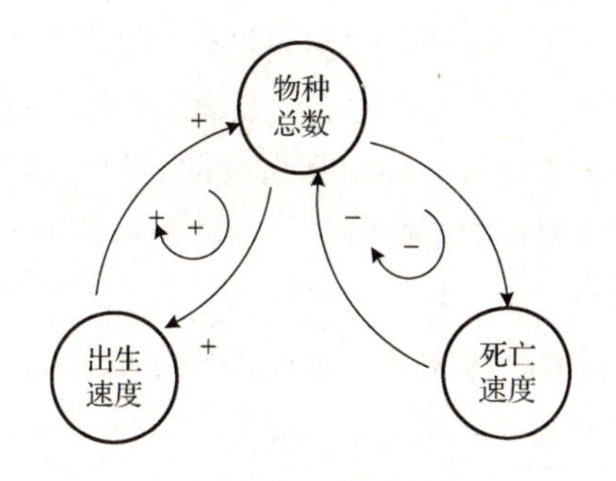

图 6-17　正负反馈环作用下的物种模型

3. 系统流图模型的构建——流图法

流图法是根据因果反馈环路，利用系统动力学特有的描述各种变量及其相互关系的符号绘制而成流程图模型，来描述系统的方法。

(1)流图。

流图是由系统动力学的各种构成的反映状态变量变化的流程图形。流图在系统动力学仿真中具有重要的意义，主要表现为：是为量化模型而收集数据的依据；是设计系统动态仿真实验的依据；是提供系统动力学量化模型及进行系统仿真的基础；为系统分析提供数学模型蓝图及分析依据。

流图描述系统状态变化的过程可用图 6-18 的简单逻辑来刻画。决策者通过对容器中水位高低信息(系统状态)是否达到期望水平的判断，做出对源和汇的操作决策，并指导打开或关闭源和汇的阀门的行动，以实现容器水位达到期望水平。这样就形成了封闭的反馈控制环路，这也是一个完整的决策过程：最初的水位高于期望水平，则做出打开汇阀门的决定，并行动，当水位逐渐降低并接近于期望水平时，此信息反馈回来指导决策，需要关闭汇的阀门；最初的水位低于期望水平，则做出打开源阀门的决定，并行动，当水位逐渐升高并接近于期望水平时，在此信息的反馈作用下，操作者会做出关闭源阀门的决策和行动。

从图 6-18 可以发现，流图揭示了任何系统的主要的两类本质变量。一类是积累变量，对应于积分，另一类是积累变量的对应速度变量，对应于微分，那么图 6-18 中的控制逻辑可简化为图 6-19。图 6-19 中的源(Sources)和汇(Sinks)，都是抽象概念，前者表示输入状态的一切物质；而后者表示输出状态的一切物质。在系统动力学流图里，两者都用云团来表示，如库存变化与生产和交货相关，两端云团分别表示库存来源与交货的去向(即系统界限外的部分)，如图 6-19(b)所示。与库存来源与交货去向相比，我们更多关心的是库存积累的过程变化。

(2)流图变量及符号。

系统动力学流图需要明确区分系统中的不同性质的变量，以便准确描述积累效应的动态变化过程。系统动力学规定的变量主要包括积累变量、流率变量、辅助变量等类型。

① 积累变量(Stock、Level、State)。系统动力学流图反馈系统中的积累环节，常称为状态变量、积量、积累量、位、流位，以及库存、贮存等。系统动力学认为反馈系统包含连续

的、类似流体流动的积累过程，故借鉴容器中积存流体的多少(如水位)来表示系统状态的积累量，如产品库存、现金量、劳动力数量、固定资产、人口等，生态系统中的动物、植物的种群数量等。积量在系统动力学仿真软件中一般用矩形框表示(见图6-20(a))，其变化过程如图6-19(a)所示，左边表示积量的流入，右边表示积量的流出。积量具有积累效应，现值等于原值加上改变量，且存在量的变化迅速。我们假定，时间间隔为DT，流入流速为R_1，流出流速为R_2，前次的积累量为L_0，在DT时间内积累增量为ΔL，那么积累量方程式表示为：

$$L = L_0 + \Delta L$$

其中 $\Delta L = DT(R_1 - R_2)$

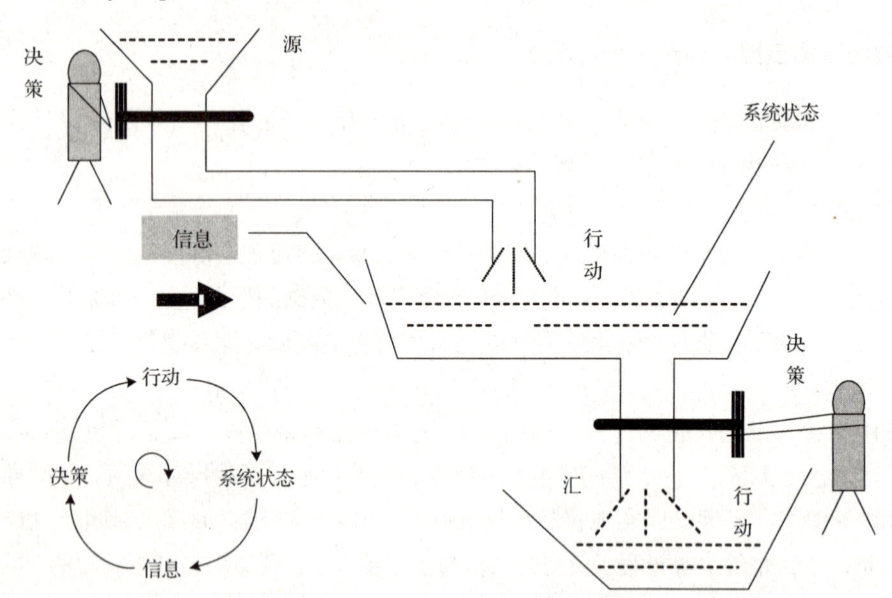

图6-18　系统动力学流图的简单逻辑

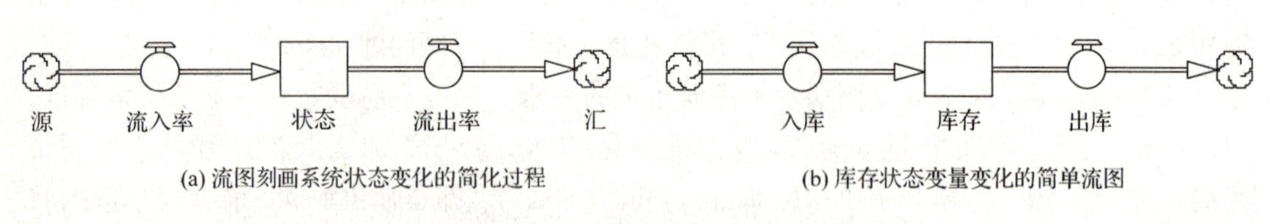

(a) 流图刻画系统状态变化的简化过程　　(b) 库存状态变量变化的简单流图

图6-19

② 流率变量(Rate、Flow)。系统的活动中，表示积累变量变化快慢的变化率变量，常称为流率、流率变量、速率等。

一般表示积量的单位时间内的变化，总是伴随积量交替出现，如物流、资金流、年投资、人口出生率、死亡率等。流速(Rate)可以描述包括决策者在内的决策机构的决策功能，它可控制流入流与流出流的大小，所以流速又称为决策函数。流率变量的符号一般如图6-20(b)，图6-19(a)所示的左边的流率(箭头指向积量)表示流入流，右边的流率(箭头远离积量)表示流出流。

③ 辅助变量。介于积累变量、外生变量与流率变量之间的中间计算变量，如雇用比例、

需求、成本、时间周期，及多种函数等。辅助变量可简化复杂流率方程的数学/逻辑等关系，在量纲不一致时，起软连接作用。辅助变量的表示符号一般为圆圈，如图6-20(c)所示。

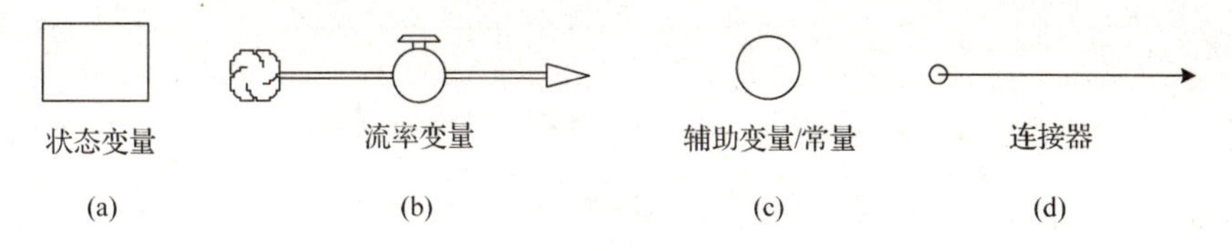

图6-20　系统动力学变量的一般表示符号

④ 常数。在仿真运行期间，某个参数的值如果保持不变，则该参数称为常数。常数可以直接输入给 Rate 变量，或通过辅助变量输入给 Rate 变量。在 Vensim 软件中，常数的符号用一段实线表示，并注上名字和意义。而在 Stella/Ithink 软件中，其符号与辅助变量一致。

⑤ 派生变量。派生变量包括为更好描述某些过程、活动或便于仿真而专门设计的变量，以及 Stella/Ithink、Vensim 等仿真软件设计的衍生结构，如队列(Queue)、输送带(Conveyor)等有特殊意义的积量。

⑥ 内生变量。内生变量包括流位、流率、辅助及常量等。

⑦ 外生变量。制约着内生变量，但又不受其制约的变量，如时间(Time)可视为特殊的外生变量。系统环境中的变量定是外生变量，且常是时间的函数。

⑧ 连接器(Connector)。连接器也通俗地称为箭线(见图6-20(d))，表示积量、流率变量、辅助变量及常量之间的关系，被连接器连接的两个变量表示两者之间存在着直接的关联或信息的传递，箭头变量受箭尾变量的影响，其变化方程式中一定会出现箭尾变量。

(3)流图设计。

审视系统并构建流图模型是系统动力学建模与仿真的核心内容，大致可分为以下几个步骤。

① 基于前期确定的所研究系统的范围及心智模型明确系统的边界。

为了研究的方便，系统动力学在研究系统问题之前，一般会根据研究目的从涉及范围较大的社会、经济、企业等系统中抽取一定范围或边界的分系统或子系统。定义系统的边界是系统动力学应用的第一步，到流图设计时，需要进一步明晰化系统边界，以保证构建出完整的系统流图模型，因为系统边界内部的变化因素称为系统的“内生变量”，系统边界以外的变化因素称为“外生变量”，而我们研究的对象是系统边界以内诸要素，系统的行为主要取决于它的内部因素。

② 基于因果反馈环路模型设计流图模型结构。

完成流图模型结构包括两个步骤。第一步，明确和细化模型中的变量及类型。按系统动力学内生及白箱观点，要实现系统模型的定量仿真，区分系统变量是前提。这一步是基于前述决策心智模型及因果反馈环路模型来进行的，要明确并区分系统中的状态变量/积量、流率/速率变量、辅助变量、常量等所有变量。第二步，基于因果反馈环路模型及对所研究系统运作流程的调研，构造流图中各变量之间的关联，即完成流图中所有相关变量之间的箭线连接。

图6-21是两个简单的流图模型结构。左图6-21(a)中，Level 的输入与输出是在 R1 控制

下的输入流和在 R2 控制下的输出流，R1 的子构造是 A1、N1、L_1，R2 的子构造是 A2、N2 和 L_1。右图 6-21(b)中状态变量受流率变量的影响，流率的变化受比例常数与状态变量的影响。

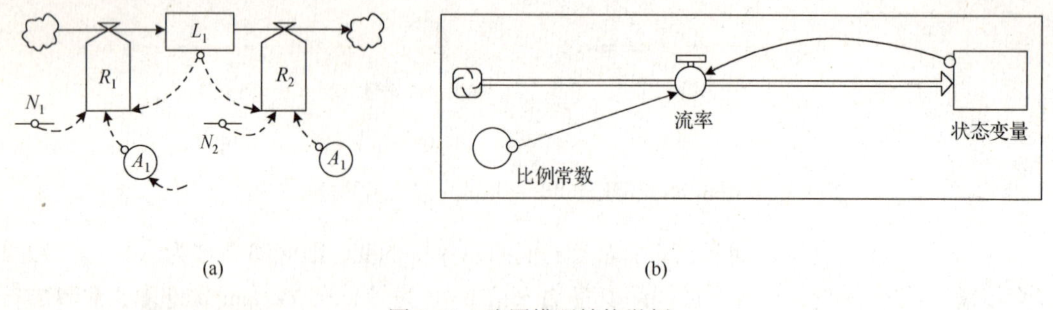

图 6-21　流图模型结构举例

③ 确定流图模型结构中的数学或逻辑关系。

根据对所研究系统问题的调研，确定各关联变量之间的明确的逻辑、函数关系，即要定量表达关联变量之间的关系，一般是数学方程式或表函数。以图 6-21(b)为例，*state* 是状态变量，*proportional_constant* 是比例常数，*flow_rate* 表示流率，其中的数学关系可表达为：

$state(t) = state(t - dt) + (flow\_rate) * dt$

$flow\_rate = state * proportional\_constant$

另外，还需要再仿真前，设定 *state* 和 *constant* 的初值。

4. 系统混合图模型的构建——混合图法

混合图法就是在因果关系环路模型图中，明确区分出状态变量、流率变量、辅助变量等类型，并将其按照流图模型的要求表示出来，同时还要完成系统各变量之间的数学或逻辑关系的设定。混合图保留了因果关系反馈环路模型中的各变量之间的极性，同时综合了流图模型的变量区分优势，较清晰地表达出了系统中重要的状态变量及流率变量，以及变量之间的数学关系，故能进行一目了然的定性分析及定量仿真，有助于清晰和整体地展现和分析系统的运作流程及动态复杂性。图 6-22 为 Sterman 的简化库存管理的系统动力学混合图模型。

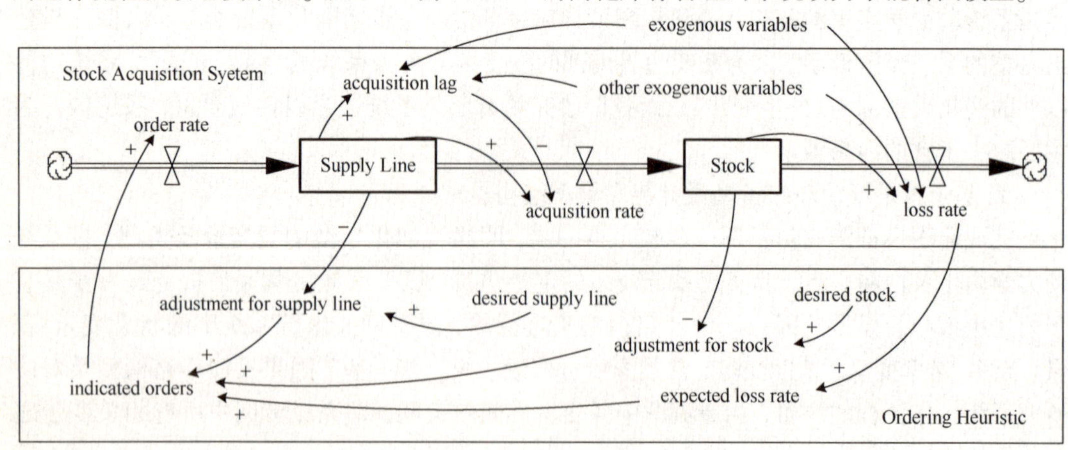

图 6-22　Sterman 简化库存管理系统动力学混合图模型

6.5.4 系统动力学仿真平台及其应用

系统动力学仿真软件的出现与发展伴随着系统动力学的诞生与发展。从最初的 DOS 状态下的早期 DYNAMO 版本开始，经历了 50 多年的演化，系统动力学仿真软件逐渐发展为 20 世纪 80、90 年代的图形可视化界面仿真软件。

20 世纪 50 年代的 DYNAMO 早期版本。所谓 DYNAMO 是 Dynamic Model 的缩写，即动力学模型。它是由麻省理工学院有关人员专门为系统动力学所设计的计算机语言，它是在仿真语言 SIM-PLE(Slmulation of Industrial Management Problems with Lots of Equation)的基础上设计的。随着时间的推移，DYNAMO 得以不断改进。DYNAMO 是采用差分方程来描述具有反馈的社会系统的宏观动态行为，并通过对差分方程的求解进行仿真的一种算法语言。其最大的特点是面向方程，容易使用。即使不熟悉 C 语言、FORTRAN 等算法语言的人。也能很快掌握使用 DYNAMO 方程。此外，它不需要编程者考虑执行顺序，因而程序书写比较简单。并且建立计算机结果的图表非常容易。

20 世纪 60 至 70 年代的用于大型机的 DYNAMO II、DYNAMO II/F。

20 世纪 80 年代的用于小型机的 Mini-DYNAMO、用于微型机的 Micro-DYNAMO、DYNAMO III、DYNAMO IV。

20 世纪 80 至 90 年代以后，出现了图示化的界面比较友好的仿真软件，如美国的 ithink/STELLA、Vensim、Powersim 等，英国的 DYSMAP。

20 世纪 90 年代以后的系统动力学仿真软件，都具有友好的人机界面和灵活的输入输出形式(允许图形模式输入)，流图构建与函数关系的确定都非常方便，使用者可以在软件提供的各层界面中方便地设定被研究系统相关变量的类型、数值以及变量相互间的各种逻辑、函数关系等，不需要去考虑 DYNAMO 语言的语法及编程，因为软件系统可以自动生成相关的数学方程式，这大大简化了系统动力学建模的过程。到目前为止，图示化的仿真软件已基本取代过去的 DYNAMO 语言编程，这在一定程度上促进了系统动力学的应用。

1. ithink/STELLA

ithink/STELLA 由美国 Isee Systems(前身为 High Performance Systems)公司开发，是第一个允许图形模式输入的仿真软件，提供基本的欧拉算法、二阶和四阶龙格—库塔算法，具有比较友好的人机界面和灵活的输入输出形式，适合多种复杂系统的建模仿真。

(1) ithink/STELLA 建模结构层次。

① 高层结构(High Level)。系统结构的整体反映，把系统分为互相关联的若干子系统，保证从整体上把握所研究的系统，主要用于展现与交流模型。可供系统使用者与决策者使用。如图 6-23 所示。

② 图层结构(Graph Level)。整个系统模型的核心，构造系统模型的主要空间，决定模型实质与函数层的数据结果，用于构建模型，设计各个子系统，供系统设计开发者使用。如图 6-24 所示。

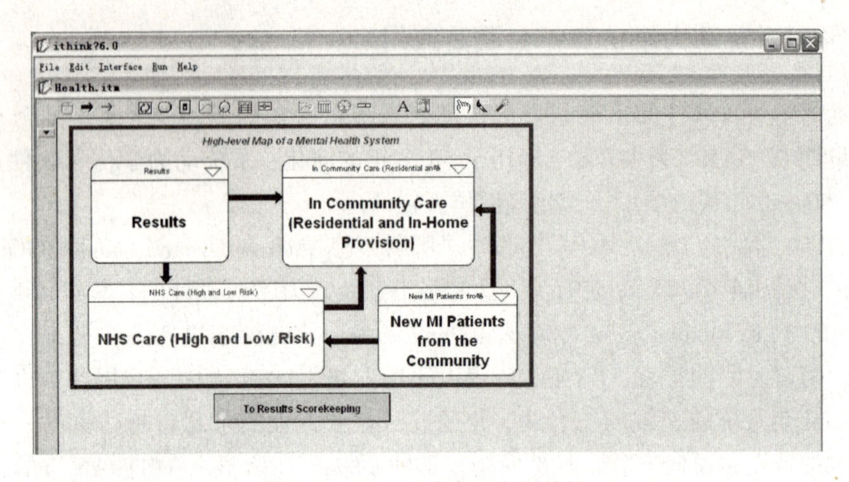

图 6-23　ithink 建模的高层结构

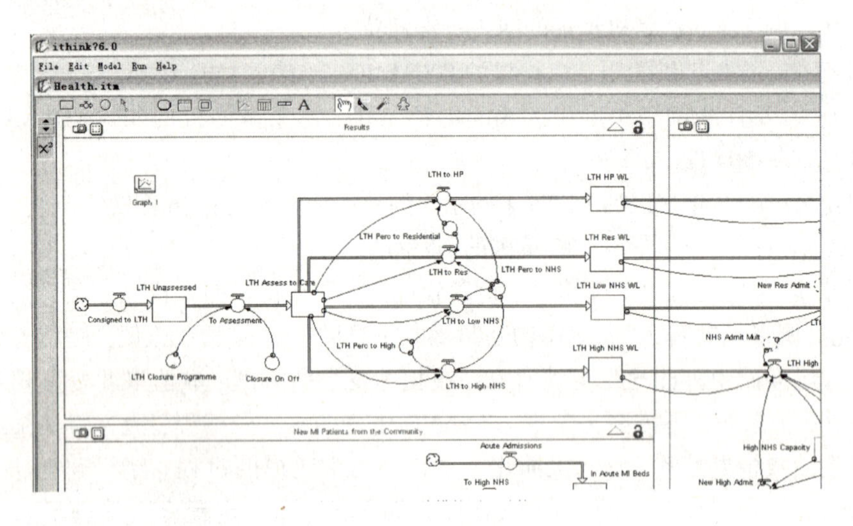

图 6-24　ithink 建模的图层结构

③ 函数层结构(Function Level)。将图层结构模型中的各变量之间的逻辑和数学关系，用代数方程、各种变化曲线、逻辑函数表示，如图 6-25 所示。

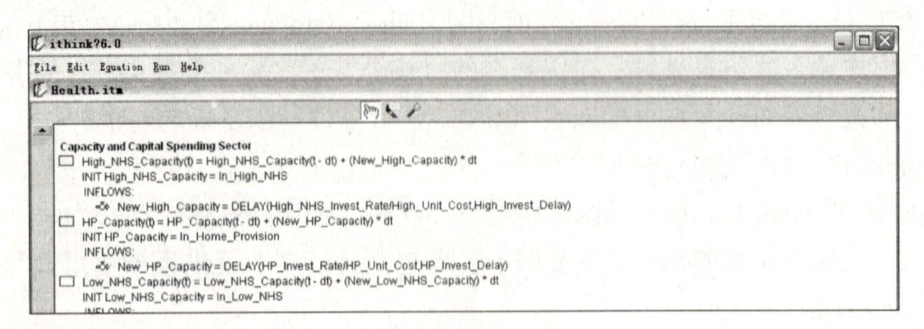

图 6-25　ithink 建模的函数层结构

(2)一阶系统的 ithink/STELLA 建模与仿真。

现实中各种不同的复杂系统则是由数量不一的各种不同的简单一阶系统组合而成。一阶系统一般又分为一阶正反馈和一阶负反馈系统，前者的系统动力学流图如图 6-21(b)所示。

当给定初值 *state* = 5 和 *constant* = 0.05 时，一阶正反馈系统的系统动力学行为如图 6-26所示，很明显，曲线呈现指数增长变化。

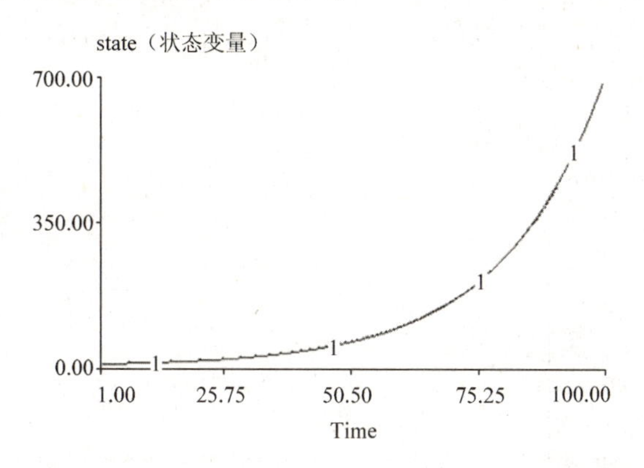

图 6-26　一阶正反馈系统的状态变化(指数增长)

一阶负反馈系统的系统动力学流图如图 6-27 所示。其中 *goal* 是状态变量目标值，*adjustment* 表示状态变量与其目标值之间的偏差调整。模型中的数学关系主要有：

$state(t) = state(t - dt) + flow\_rate * dt$

$flow\_rate = proportional\_constant * adjustment$

$adjustment = goal - state$

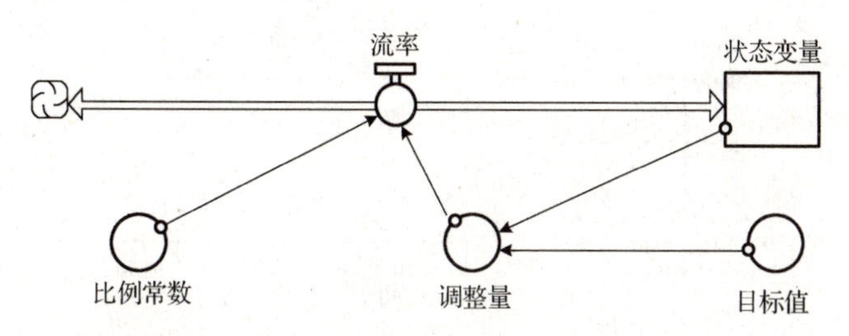

图 6-27　一阶负反馈结构的系统动力学流图

当给定初值 *state* = 10，*proportional_constant* = 0.05，*goal* = 5 时，一阶负反馈系统的系统动力学行为如图 6-28 所示。若 *state* = 5，其目标值也为 5，比例常数设为 0.05，那么此时一阶负反馈系统的行为如图 6-29 所示。可以发现，在状态变量的初值和目标值相同的时候，系统不需要对其进行调整，也就是 $adjustment = goal - state = 0$，那么系统状态变量也就保持不变，所以 *state* 的曲线是一条数值稳定在 5 的直线。

(3)简单库存控制的 ithink/STELLA 建模与仿真。

库存是以支持生产、维护、操作和客户服务为目的而储备的各种物料，包括原材料和在制品、维修件和生产易耗品、成品和备件等。库存控制是企业物料管理的核心，是企业为了生产、销售等经营管理需要而对计划存储和流通的有关物料进行相应的管理，如对存储的物料进行接收、保管、发放、转移等一系列的管理与控制活动。

库存控制一般分为独立需求和相关需求两种库存的控制。相关需求物料主要涉及相关生产计划和物料需求计划，本文主要研究独立需求物料的库存控制。独立需求物料(Independent Demand Item)是指该物料的需求不是其他任何物料需求的函数，也就是说其需求与其他任何物料的需求无关。独立需求物料的需求量是根据市场预测或客户订单直接得到的。独立需求物料一般是通过确定订货点(Order Point)、订货批量(Order Lot)和订货周期(Order Interval)等因素来实现对库存的控制，其控制模式一般有定量控制和定期控制两种模式。

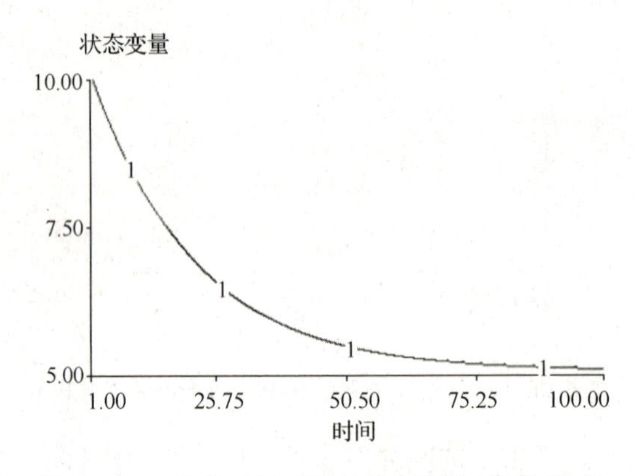

图6-28　一阶负反馈系统的状态变化(指数衰减)

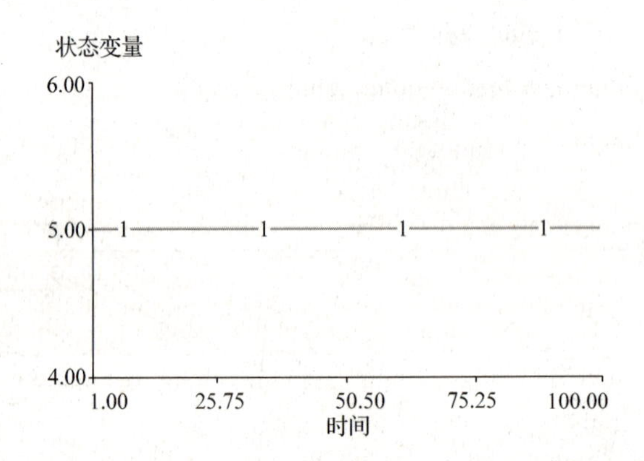

图6-29　一阶负反馈系统状态变化(状态变量初值等于目标值)

① 定量库存控制模式。

定量库存控制模式和订货点方法(Order Point System)类似。也就是当库存水平下降到预先确定的某个库存数量值(订货点)时，即发出订单进行补货。在定量控制模式下，为了能做到准确地控制，必须连续不断地检查物料的库存水平。该方法的核心问题是必须确定订货点和订货批量这两个参数。其中订货点是根据历史的平均需求、采购提前期和安全库存量来确定的，即：

$$订货点 = 平均需求率 \times 采购提前期 + 安全库存 \tag{6-10}$$

而订货批量一般是根据经济订货批量法则(Economic Order Quantity，EOQ)来确定的。经济订货批量法则要求总费用(包括库存费用和采购费用)最小。一般情况下，库存费用随着库存量的增加而增加，而采购费用却随着采购批量的增加而相对减少，但采购批量加大的同时库存水平也会增加。为了解决总成本与库存水平的矛盾，必须找到一个合理的订货批量(如式6-11所示)，使得库存费用与采购费用之和最小，光靠一味地减少库存或增加订货批量难以奏效。

$$经济订货批量 = \sqrt{\frac{2 \times 单位订货费用 \times 库存物料的月(年)需求}{单位库存保管费用}} \tag{6-11}$$

其中，单位订货费用(*unit ordering cost*)表示一次订货每件物料的采购费用，单位库存保管费用(*unit carrying cost*)表示每件物料平均每单位时间(月或年)的保管费用。库存物料的月(年)需求表示某种物料每月(或每年)的需求量。

假设每次的订货批量不变，采购提前期固定，物料的消耗也是稳定的，那么此条件下的定量库存控制模型如图6-30所示。

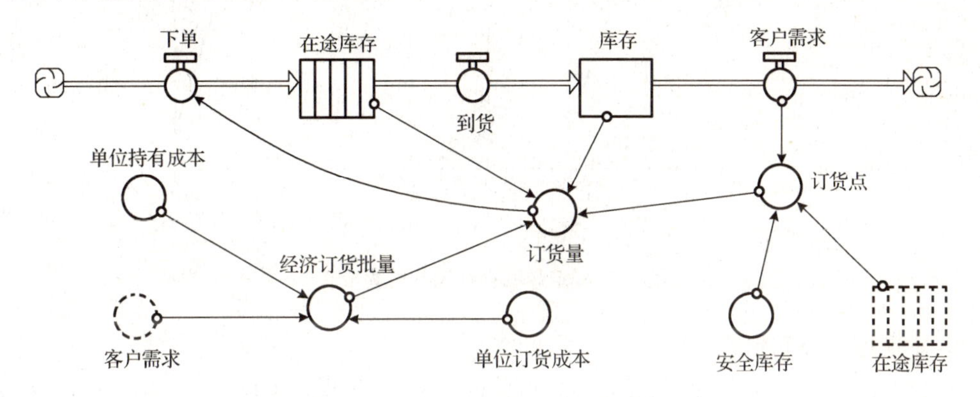

图6-30　定量库存控制模式的系统动力学流图

模型中的数学关系主要有：

inventory(*t*) = *inventory*(*t* - *dt*) + (*delivering* - *customer_requirements*) * *dt*

inventory(t_0) = 15(单位产品)

customer_requirements = 2(单位产品/单位时间)

on_order(*t*) = *on_order*(*t* - *dt*) + (*ordering* - *delivering*) * *dt*

on_order(t_0) = 0

TRANSIT TIME = 5(单位时间)(相当于采购提前期)

order_lot = QRT [2 * *unit_ordering_cost* * (30 * *customer_requirements*)/ *unit_carrying_cost*)]

safety_inventory = 2(单位产品)

unit_carrying_cost = 2(元/单位产品/月)

unit_ordering_cost = 5(元/次)

order_point = *customer_requirements* * TRANSTIME(*on_order*) + *safety_inventory*

order_quantity = IF(*inventory* + *on_order* < *order_point*) THEN*order_lot* ELSE0

ordering = PULSE(*order_quantity*)

定量库存控制模型的运行结果如图6-31所示(其中的单位时间为天，库存控制的计算按月计算，产品单位可以是件、台等)。图中的曲线1和2分别是库存(*inventory*)和订货点(*order_point*)的变化曲线。可以看出，当库存降低到订货点(模型中为12单位产品)时，即向供应商下订单(由经济批量计算法则可得模型中的批量为17单位产品/批次)，经过交货提前期(模型中为5天)后，也就是库存降到安全库存(模型中为2单位产品)时，采购物料到货入库，此时库存有一个跳跃，从2件阶跃为19件。图6-31表明，图6-30所示流图模型能较好地模拟定量库存控制的动态变化行为模式。

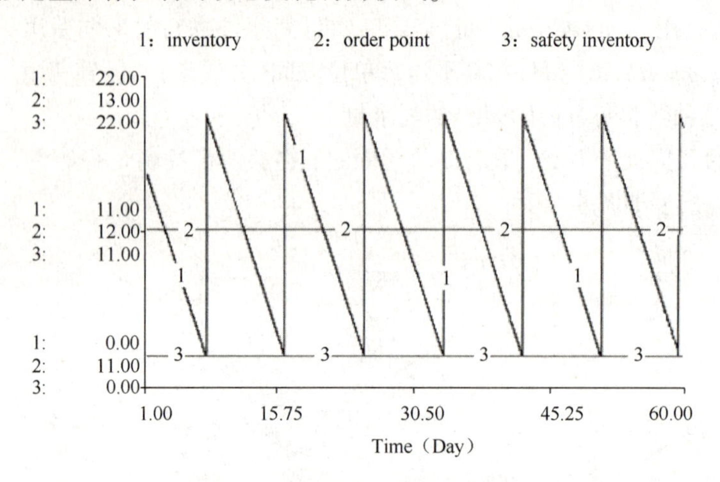

图6-31　定量库存控制的行为模式

② 定期库存控制模式。

定期库存控制模式是按照一定的周期(T)检查库存，当发现某个物料的当前库存量(I)低于规定的最大库存水平(S)时，开始补货，订货量为$Q = S - I + M$(M为订货提前期期间消耗的库存量)。与定量库存控制模式相比，定期库存控制模式不存在固定的订货点，也没有固定的订货数量，但也需设立安全库存。所以，定期库存控制的核心问题是确定订货周期和库存补充量。其中订货周期是按照经济订货周期法则(Economic Order Interval, EOI)来确定的，即

$$\text{经济订货周期} = \sqrt{\frac{2 \times \text{单位订货费用}}{\text{库存物料的月(年)需求} \times \text{单位库存保管费用}}} \tag{6-12}$$

其中，单位订货费用(*unit ordering cost*)表示一次订货每件物料的采购费用，单位库存持有成本(*unit carrying cost*)表示每件物料平均每月(或每年)的保管费用，库存物料的月(年)需求表示某种物料每月(或每年)的需求量。而库存补充量(订货量)，是根据当前库存、最大库存(或规定库存)和采购提前期来确定，即：

$$\text{订货量} = \text{最大库存} - \text{当前库存} + (\text{采购提前期} \times \text{物料的月(年)需求} / \text{月或年}) \tag{6-13}$$

其中，最大库存由订货周期、物料的月(年)需求量和安全库存来确定，即：

$$\text{最大库存} = \text{物料的月(年)需求} * \text{订货周期} + \text{安全库存} \tag{6-14}$$

最后得到定期库存控制模式的系统动力学模型，如图6-32所示。模型中的物料同样是以月为单位进行控制的(单位时间为天)。

模型中的数学关系主要有：

$inventory(t) = inventory(t - dt) + (delivering - costomer\_requirements) * dt$

$inventory(t_0) = 10$(单位产品)

$costomer\_requirements = 2$(单位产品/天)

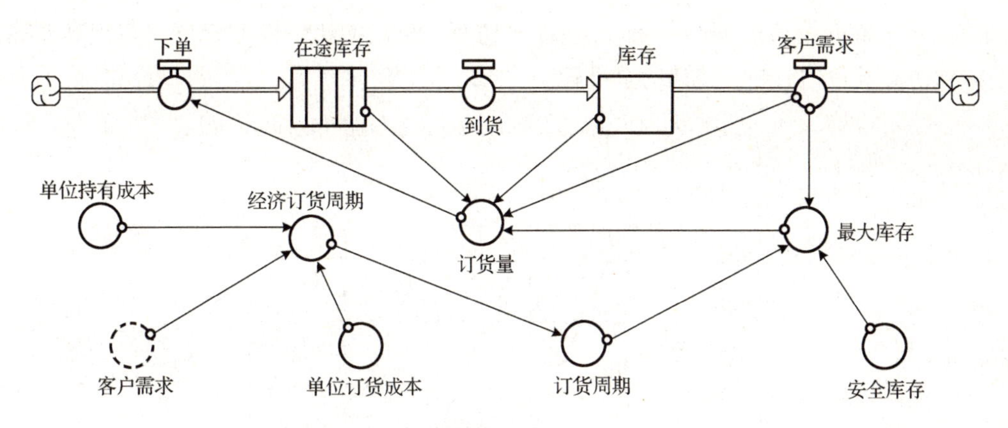

图 6-32　定期库存控制模式系统动力学流图

on_order(*t*) = *on_order*(*t* − *dt*) + (*ordering* − *delivering*) ∗ *dt*

on_order(t_0) = 0

TRANSIT TIME = 3(天)(即为采购提前期)

safety_inventory = 2(单位产品)

unit_carrying_cost = 2(元/单位产品/月)

unit_ordering_cost = 5(元/次)

EOI =

SQRT [2 ∗ *unit_ordering_cost*/((30 ∗ *costomer_requirements*) ∗ *unit_carrying_cost*)]

max_inventory = (*costomer_requirements* ∗ 30 / *order_interval*) + *safety_inventory*

order_interval = INT(*EOI* ∗30)

order_quantity = IF((*inventory* + *on_order*) < *max_inventory*) THEN(*max_inventory* − *inventory* + TRANSTIME(*on_order*) ∗ *costomer_requirements*) ELSE0

ordering = PULSE(*order_quantity*)

定期库存控制模型的运行结果如图 6-33 所示。图中的曲线 1、2 和 3 分别表示库存(*inventory*)、订货周期(*order interval*)和最大库存(*max inventory*)的变化。可以看出，当按周期检查到某物料库存比规定库存(即最大库存)低时，便考虑向供应商下订单，经过交货提前期后，也就是库存降到安全库存时，采购物料到货入库，此时库存有一个跳跃，从安全库存阶跃为最大库存。

2. Vensim

Vensim 由美国 Ventana System 公司开发的基于模型的系统动力学仿真软件。Vensim 采用一种工具箱的方法来处理模型与数据，图形化的操作界面可以使用户从程序中解放出来，DYNAMO 语言中所有的方程、命令等均可以通过相应的工具栏来完成，操作非常方便。如图 6-34 所示。

企业成长模型(the Corporate Growth Model)模拟了一个简单的有限资源条件下的企业成长过程，它由福瑞斯特教授提出，最早出现在 1968 年出版的《系统原理》一书中。这个模型反映了生产(库存)限制销售增长的过程，它最早是通过 DYNAMO 语言编程来实现建模与仿真的。下面介绍该模型的 Vensim 建模与仿真，涵盖了从因果反馈环路模型到流图设计，再到仿真及策略分析、设计的全过程。

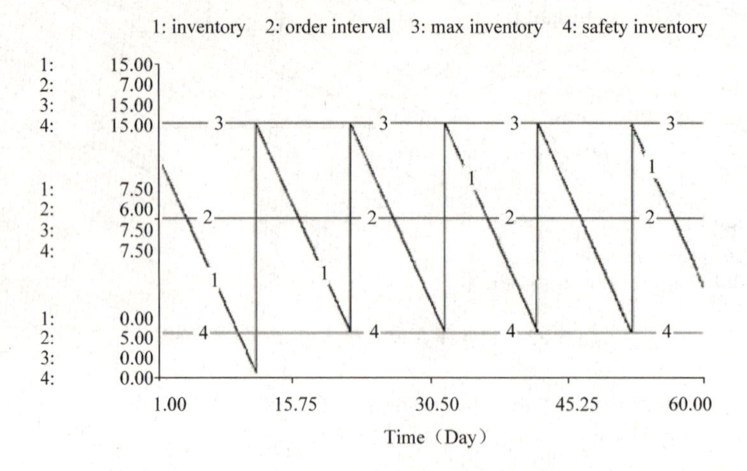

图 6-33 定期库存控制的行为模式

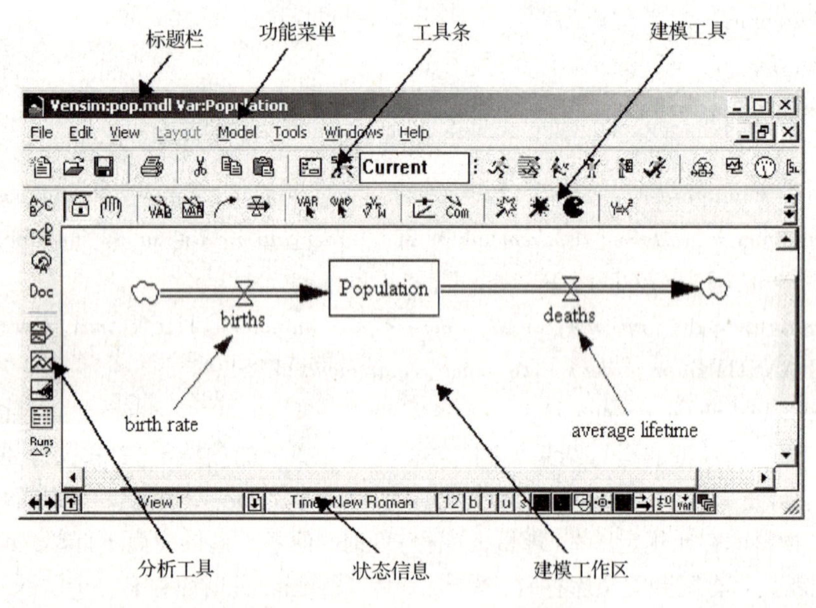

图 6-34 Vensim5.4 的操作界面

(1)因果关系反馈环路模型的 Vensim 构建。

企业中最重要的莫过于生产与销售两件事情，在供不应求的市场状态下，企业生产取决于企业交货的时间和效率，而交货则取决于销售状况，如销售人员人数、销售人员工资、调整销售人员所需时间等，这些变量之间的相互作用构成了一个复杂的因果关系反馈环路模型，如图 6-35 所示。

在图 6-35 中，可以看到两个互相耦合的反馈环。

① 负反馈环。

生产速率 OE→存货 BL→交货延迟 DDI→确认的交货延迟期 DDR→允许的延迟时间影响率 EDDR→销售效率 SE→预计每月销售量 OB→生产速率 OE

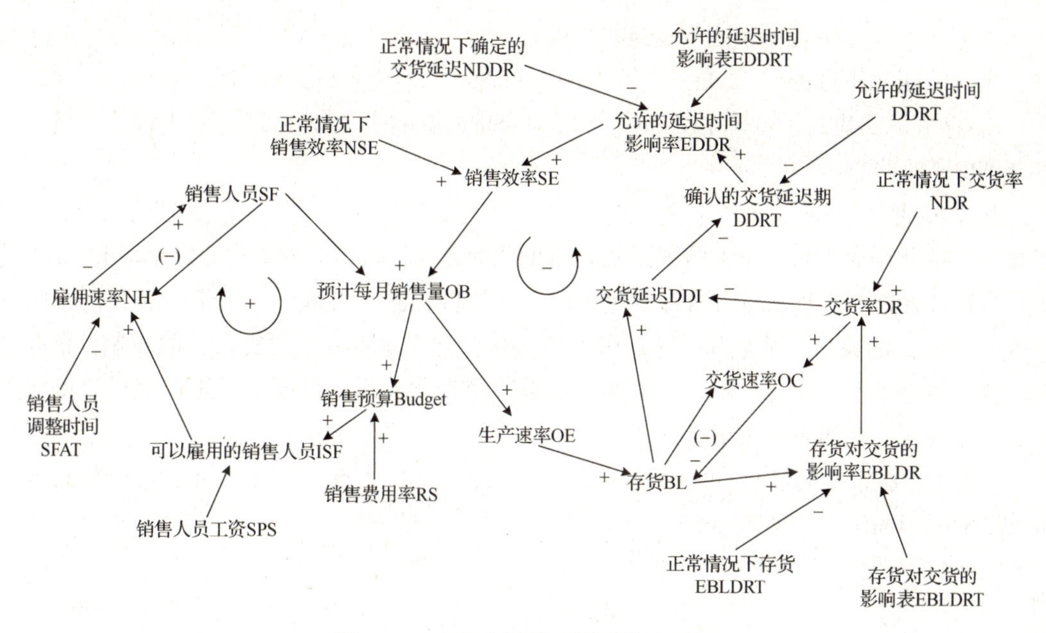

图 6-35　企业成长模型的因果关系图

② 正反馈环。

销售人员 SF→预计每月销售量 OB→销售费用预算 Budget→可以雇用的销售人员 ISF→雇用速率 NH→销售人员 SF

由于正反馈使系统的输出具有指数增长的特性，负反馈使系统的输出呈现出衰减的特性，两个反馈环的耦合点为预计每月销售量 OB，这使模型成为耦合的非线性反馈系统。

(2)流图模型(混合图模型)的 Vensim 构建。

根据图 6-35 的因果关系环路模型，可以设计出企业成长模型的流图(混合图)模型，如图 6-36 所示。

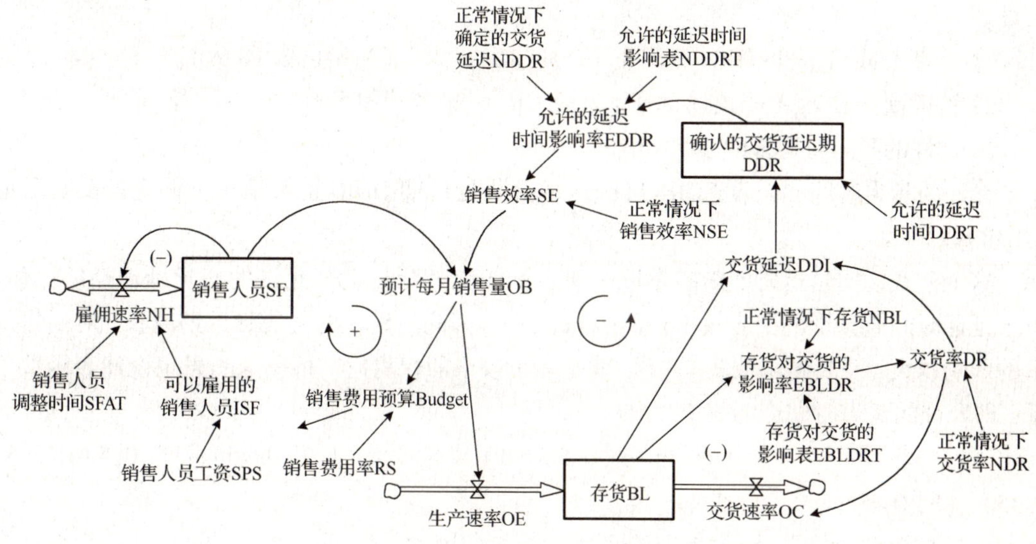

图 6-36　企业成长模型的混合图

企业成长模型中各变量之间的逻辑、函数关系表示如下。

① 可以雇用的销售人员 ISF = 销售预算 Budget / 销售人员工资 SPS　人。

② 存货对交货的影响率 EBLDR = 存货对交货的影响表 EBLDRT(存货 BL/正常情况下存货 NBL)。

这个公式表明，存货对交货的影响率取决于实际存货量与可接受存货量的比值，也就是说，实际的存货相对于正常情况下的存货的比值越高，则存货对交货的影响率 EBLDR 越大，这符合人们的心理，因为当存货量大时，总希望能够尽快地将货运走。但它们之间并不是一种线性的关系，因为当存货量很大时，由于受运输能力等交货条件的限制，企业已没有潜力再增加交货量了，即存货对交货的影响率变化趋缓。根据这一思想设计表函数关系，即存货对交货的影响表 EBLDRT：

[(0.8, 0) - (20, 8)], (0.9, 0), (1, 1), (1.7, 3.5), (2.3, 4.3), (3.5, 5), (6.3, 5.6), (10, 6), (20, 6.5)

③ 预计每月销售量 OB = 销售人员 SF * 销售效率 SE　件/月。

④ 存货 BL = INTEG(生产速率 OE - 交货速率 OC, 8000)　件(初始值为 8000 件)。

⑤ 交货速率 OC = 交货率 DR　件/月。

⑥ 生产速率 OE = 预计每月销售量 OB　件/月　(以销定产)。

⑦ 雇用速率 NH = (可以雇用的销售人员 ISF - 销售人员 SF)/ 销售人员调整时间 SFAT　人/月。

⑧ 交货率 DR = 正常情况下交货率 NDR * 存货对交货的影响率 EBLDR　件/月。

⑨ 交货延迟 DDI = 存货 BL / 交货率 DR　件/月。

⑩ 确认的交货延迟期 DDR = INTEG((交货延迟 DDI - 确认的交货延迟期 DDR)/允许的延迟时间 DDRT, 2)　月(初始值为 2 个月)。

⑪ 销售效率 SE = 正常情况下销售效率 NSE * 允许的延迟时间影响率 EDDR　件/人月。

⑫ 销售人员 SF = INTEG(雇用速率 NH, 10)　人　(初始值为 10 人)。

⑬ 销售预算 Budget = 预计每月销售量 OB * 销售费用率 RS　元/月。

⑭ 允许的延迟时间影响率 EDDR =

允许的延迟时间影响表 EDDRT(确认的交货延迟期 DDR/正常情况下确定的交货延迟 NDDR)。

这个公式说明延迟时间影响率取决于实际的交货延迟期与允许的交货延迟期的比值。由于延迟时间直接影响销售效率(见函数式 11)，因此当确认的交货延迟期越长，对销售效率的影响越大，反映到函数式 11 上，就是一个较小的权重值。根据这一思想设计表函数关系，即允许的延迟时间影响表 EDDRT：

[(0, 0) - (3, 2)], (0, 1.15), (0.5, 1.1), (1, 1), (1.5, 0.75), (2, 0.5), (2.5, 0.35), (3, 0.3)

以下是模型中的常量，也就是企业可以控制的因素。

⑮ 销售人员调整时间 SFAT = 20 个月。

⑯ 销售人员工资 SPS = 2000 元/人月。

⑰ 销售费用率 RS = 10 元/件 （即每件产品销售收入中有 10 元用于销售费用）。

⑱ 允许的延迟时间 DDRT = 5 月。

⑲ 正常情况下存货 NBL = 8000 件。

⑳ 正常情况下交货率 NDR = 4000 件/月。

㉑ 正常情况下确定的交货延迟 NDDR = 2 月。

㉒ 正常情况下销售效率 NSE = 350 件/人月。

㉓ 系统模拟时间为 100 个月。

因为 Vensim 系统可以根据流图模型自动生成模型的数学房产，所以这里不给出模型的 DYNAMO 方程。

（3）Vensim 中的仿真运行结果。

本模型在 VensimPLE32 系统中运行有以下结果。（将相应的 Dynamo 方程在 Professional Dynamo 系统下运行结果完全相同）。

由输出结果可以看出，在前述的各参数下，模型的输出呈指数增长 – 衰减振荡规律，在第 50 个月以前，系统主要为指数增长，这是由于在开始时，系统中的正反馈环节起主要作用。而在大约 50 个月以后，系统以衰减振荡为主，这是由于系统中负反馈环节起主要作用。

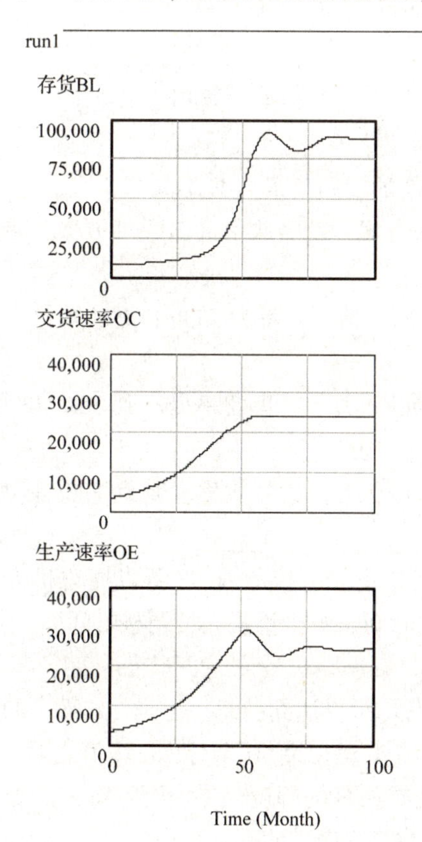

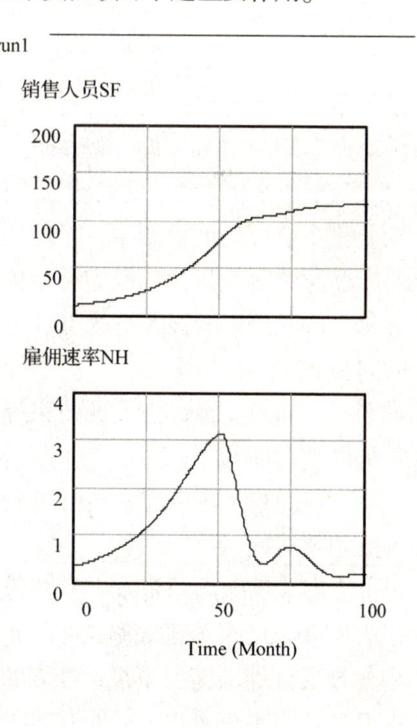

为了验证这一结论，在其他条件不变的情况下，我们将销售费用率增加到 12 元/件，系统模拟后结果如下图中 run2 曲线所示，将交货延迟乘以一个系数 1.2(借以增加负反馈的强度)，系统模拟后的结果如下图中 run3 曲线所示。图中的 run1 曲线为没有改变时的输出曲线。

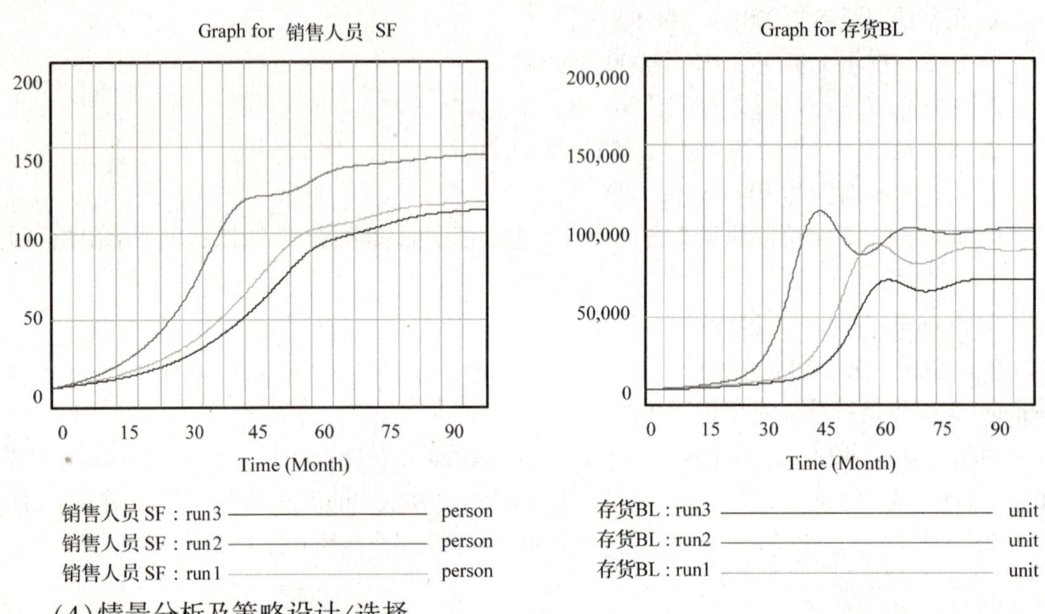

(4)情景分析及策略设计/选择。

系统动力学作为系统科学与管理科学的分支，在其发展的初期主要用于工业管理。随着系统动力学理论与方法的不断深化，它已经成为社会、经济、生态复杂大系统的“实验室”。根据系统动力学建立的模型为人们提供了一种新的辅助决策的工具。

在上述企业成长的模型中，假设管理者现有三种方案，需要从中选出一种方案，使得系统的库存能够尽快地达到稳态并使库存量的波动较小。

方案一(run1)：销售人员的工资定在 2000 元/人月，销售效率为 350 件/月，销售人员调整时间为 20 个月。

方案二(run2)：将销售人员的工资提高到 2500 元/人月，销售效率提高到 380 件/月，销售人员调整时间为 20 个月。

方案三(run3)：将销售人员的工资提高到 2500 元/人月，销售效率提高到 380 件/月，销售人员调整时间为 12 个月。

以上方案中，假设销售效率和销售人员调整时间是企业可控的因素(可以通过扩大广告宣传的力度来提高销售效率，可以通过增加培训的时间来减少销售人员调整时间)。

将各方案分别用模型模拟，得结果如下图所示。

由模拟结果不难看出，三种方案在第 85 个月左右均可以达到稳态。但是，方案一的峰值出现在第 60 个月，方案二出现在第 75 个月，方案三出现在第 50 个月，在峰值之后，系统逐步衰减振荡，最后达到稳态。但是，方案二的衰减振荡的幅度最小，而方案三的振幅最大。比较各方案的稳态值，方案二最小，其次是方案三，最高的是方案一。

从减少库存波动的角度出发，可以看出方案二要优于方案一和方案三。

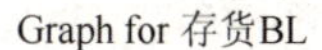

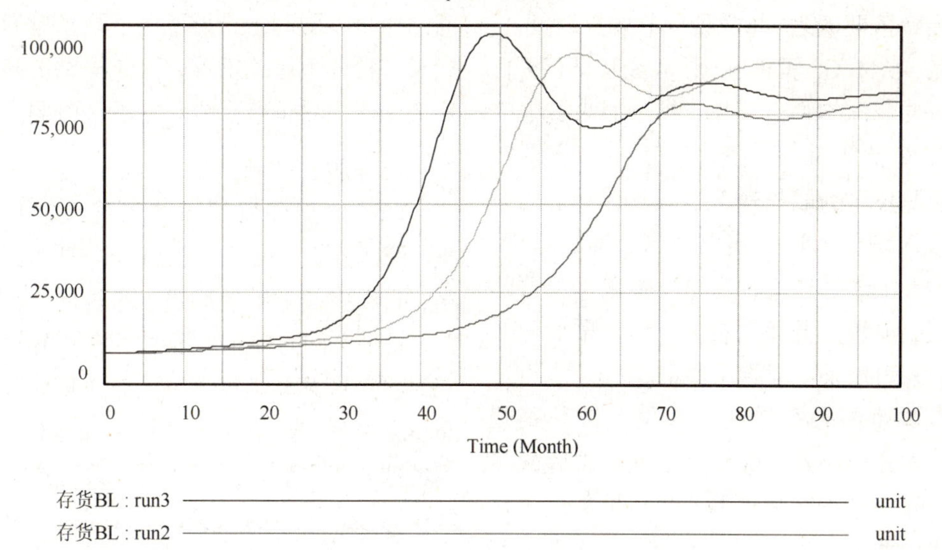

案例分析

如何走出销售增长停滞困境

一家高科技电子公司以独特创新的产品起家，其主要客户是下游的制造商，因产品比较新颖，市场潜在需求很大，一直保持稳定的持续增长，且投资者很多，再加上公司每年都将一定比例的销售收入用于销售队伍的扩充和改善销售人员的薪酬激励。所以，在相当长的一段时期内，公司的运营状况良好，一直保持令公司上下激动不已的增长势头。具体来看，公司的销售队伍不断壮大，销售人员也相当卖力，所以获得的订单也不断增加，公司销售收入也在不断增加，销售收入与销售人员之间形成了一个不断成长的“良性循环”。

然而，在维持了三年快速增长后，公司逐渐陷入销售增长停滞甚至衰退的困境。通过系统思考的基本因果反馈分析，发现主要的问题原因在于以下几方面。

过去三年中，销售队伍、销售订单、销售收入都不断增长，但公司生产能力的扩充却相对迟缓，往往造成不少订单交货的拖期，严重影响了客户的满意度。产能扩充为什么相对迟缓，是因为扩产是公司根据交期目标和所察觉到交期长短的差距来决定的。当公司觉察到交期过长导致客户满意度下降并开始抱怨甚至不再忠诚时，公司决定扩大产能。但实际上，这个扩大产能的决策已经滞后了，因为公司察觉到交期目标差时，情况可能已经开始恶化了。另一方面，即使公司决定扩产，但扩产完成并投入生产，还有相当长的一段延迟时间，所以最终的结果就是扩产速度与公司的成长速度不匹配。

这样的后果很明显，也很直接，就是越来越多的客户订单超出公司产能极限，订单拖期现象越来越严重。反过来，交期延长又造成产品吸引力下降，因为交期是非常重要的产品竞争要素之一（产品竞争要素时间 T、质量 Q、成本 C、柔性 F、服务 S 和环保 E）。还进一步影响客户订货率，甚至原来的老客户都改投竞争对手，公司销售业绩逐渐下滑，使得公司的成长速度逐渐慢下来，公司销售收入增长也逐渐随之放慢，甚至减少。于是，为了降低成本，公司开始裁掉部分销售人员，销售人员逐渐减少，销售量进一步下滑，公司增长逐渐趋于停止。

请构建该公司成长的因果反馈环路模型，深入分析该公司成长过程的基本因果环路，有哪些是正反馈环路，哪些是负反馈环路，它们之间是如何相互作用的？并进一步探讨扩产决策与销售人员扩充决策之间的动态交互关系，如何使两者能协调运作，让公司的成长不受制于产能不足，改善原有市场成长与投资不足的情况，使公司能够持续稳定增长。最后请给出合理的解决方案。

思考题：

请构建该公司成长的因果反馈环路模型，深入分析该公司成长过程的基本因果环路，有哪些是正反馈环路，哪些是负反馈环路，它们之间是如何相互作用的；并进一步探讨扩产决策与销售人员扩充决策之间的动态交互关系，如何使两者能协调运作，让公司的成长不受制于产能不足，改善原有市场成长与投资不足的情况，使公司能够持续稳定增长。最后请给出合理的解决方案。

第 7 章　系统结构建模与仿真

本章提要

本章主要介绍系统结构建模和仿真。通过本章的学习，掌握系统结构的概念、系统结构描述以及系统结构建模方法。

导入案例

国防科技工业企业创新能力影响因素分析

科技进步和科技创新日益成为增强国家综合实力的主要途径和方式。作为国家战略性的国防科技工业，是武器装备研制生产的物质和技术基础，是先进制造业的主要组成部分，是国家科技创新体系的重要组成力量。分析国防科技工业企业创新能力的影响因素对增强国防战略产业的原始创新能力和重点领域的集成创新能力，具有重要的理论意义和现实意义。

国防科技工业企业创新能力的影响因素和一般工业企业创新能力的影响因素既存在着共性，也有自己的特性。共性体现在创新能力的影响因素分布于创新的投入、产出和创新过程三个方面，而特性体现在国防科技工业肩负着国家安全的重担，其创新所创造的效益不能仅用经济效益进行衡量，还需考虑其所创造的国家安全效益。如何依据国防科技工业企业的特点构建技术创新能力影响因素体系？如何针对其自身特点分析国防科技工业企业技术创新能力的影响因素，并依据分析结果对国防科技工业企业的技术创新能力建设提出相应的建议？这一系列问题的解决依赖于系统结构研究。系统结构模型是从系统的概念模型过渡到定量分析的中介，是复杂大系统分解与连接的有利工具，对于社会、经济这类“软系统”进行分析时，其重要作用更是不言自明的。

7.1 系统结构

7.1.1 系统结构的概念

所谓系统结构，是指组成系统的各要素(子系统)之间在数量上的比例和空间或时间上的联系方式，即系统内诸要素相互依赖、相互作用的内在方式，也就是各要素在时间或空间上排列和组合的具体形式。

一切系统均有结构，结构是系统的普遍属性。没有无结构的系统，也没有离开系统的结构。无论是宏观世界还是微观世界，一切物质系统都无一例外地以一定结构形式存在、运动和变化着。

结构具有不同的形式，其基本形式有数量结构、时序结构、空间结构和逻辑结构。另外，还可以把结构划分为平衡结构与非平衡结构、有序结构与非有序结构等形式。各构成要素之间的联系排列方式保持相对不变的系统结构称为平衡结构，如晶体结构。这类系统结构中的各个要素有固定位置，它的结构稳定性非常明显。系统的各组成要素对环境经常保持着一定的活动性，系统处于必须与环境不断进行物质、能量、信息交换才能保持有序性的系统结构，称为非平衡结构。这种结构本质上是一种动态结构。有序结构与非有序结构的划分主要是以系统内有无固定的秩序为标志。

7.1.2 系统结构的基本特点

结构是系统要素内在有机联系的具体形式，通常具有以下几个特点。

1. 系统结构的稳定性

只有在系统中各要素之间稳定联系的情况下，才构成系统的结构。系统之所以能够保持它的有序性，是因为系统各要素之间有着稳定的联系。稳定是指系统整体状态能持续出现，这种持续出现可以是静态的，也可以是动态的。系统受到外界环境的干扰，有可能偏离某一状态而产生不稳定，但一旦干扰消除，系统又可回复原来状态，继续出现稳定，系统总是趋向于保持某一状态。

2. 系统结构的层次性

系统结构的层次性包括两方面的含义，即等级性和多侧面性。等级性是指任何一个复杂系统都可以从纵向上把它分为若干等级，即存在着不同等级的系统层次关系，其中低一级的系统结构是高一级系统结构的有机组成部分。例如，从公司到厂、车间、工段、班组、岗位等就是一等级系统结构。多侧面性则是指任何同一级的复杂系统，又可以从横向上分为若干互相联系而又各自独立的平行部分。例如，公司经营活动的组织形式又可分为研发中心、销售中心、制造中心、物流中心、投资中心等。

系统结构的层次性反映了系统要素在构成上的等级和次序，也反映了要素构成系统过程中存在的质变。通常，系统层次结构的划分结果随着研究系统目的的不同而不同。但是所有的系统层次结构都满足中下层元素对上层元素是服从和支撑关系，而上层元素对下层元素是控制关系。

针对实体系统而言，系统是由部分构成，部分由子系统构成，而子系统由部件构成等。表 7-1 是这类系统层次结构的一般描述。

表 7-1 系统的层次

系统(System)	有特定目标的部分集成体，如“神舟”系列载人飞船
部分(Segment)	是系统的主要构成，如航天员系统、飞船应用系统、运载火箭系统、发射场系统、载人飞船系统、测控通信系统和着陆场系统
子系统(Subsystem)	部分中可实现独立功能的配件集成体，如运载火箭系统有箭体结构、控制系统、动力装置、故障检测处理系统、逃逸系统、遥测系统、外测安全系统、推进剂利用系统、附加系统、地面设备等十个子系统
配件(Assembly)	由子配件构成，并且它组成了子系统，如构成逃逸子系统的五种固体发动机及整流罩的上半部分等
子配件(Subassembly)	组分的集成体，由它组成配件，如构成高空逃逸发动机的若干部分
组分(Component)	由零件组成
零件(Part)	系统最底层的可识别的主体

3. 系统结构的相对性

系统结构的层次性，决定了系统结构和要素之间的相对性。在系统结构的无限层次中，高一级系统内部结构的要素，又包含着低一级系统的结构，复杂大系统内部结构中的要素，又是一个简单的结构系统。因此，结构与要素是相对于系统的等级和层次而言的。

树立系统结构具有相对性这个观点使人们在认识事物时，可以减少简单化和绝对化。既要注意到把一个子系统当做大系统结构中的一个要素来对待，以求得统一和协调，又要注意到一个子系统不仅是大系统中的一个要素，它本身又包含着复杂的结构，应予以区别对待。一般说来，高一级的结构层次对低一级的结构层次有着较大的制约性，而低一级结构又是高一级结构的基础，它也反作用于高一级的结构层次，它们之间具有辩证的关系。

4. 系统结构的开放性

系统可以分为开放系统和封闭系统，但任何系统结构都不会是绝对封闭和绝对静态的，任何系统总是存在于环境之中，总要与外界环境进行能量、物质、信息的交换，系统的结构在这种交换过程中总是不断变化的，由量变到质变，这就是系统结构的开放性。任何系统结构在本质上都是开放的，总是处于不断变化的过程中，只有坚持系统结构的开放性观点，才是分析事物的科学态度。

7.1.3 整体与结构的关系

整体与结构的关系是系统关系的基本内容。搞清这一关系不但有助于我们深入揭示系统的整体特征及其发展变化的根源，同时也有利于我们根据系统整体的不同需要而去规划、设计各种人造系统的内部结构，实现系统结构的最优化。整体与结构的关系表现为以下4个方面。

1. 结构是系统整体存在的基础

任何系统都作为一个整体而存在，且其整体功能大于部分功能之和的关键是因为结构在起作用。结构紧凑而合理，系统整体性就强，结构松散而不合理，系统整体性就差，结构一旦解体，整体也就不存在了。在系统中，由于结构联系为相互结合的各种要素提供了新的活动条件，弥补了原来各种要素在孤立状态时的缺陷，因而形成了新的属性和功能。

2. 结构的变化将导致系统整体性能的变化

有四种情况将导致整体性能的改变，即构成整体的要素不变，其空间关系发生变化；构成整体的要素不变，其时间次序发生变化；构成整体的要素之间发生数量比例关系的变化；构成要素之间的相互协调程度的变化。

3. 结构是整体与部分相互联系、相互作用的纽带

整体只有通过结构才能控制部分、支配部分，而部分只有处于一定结构中，才能反作用于整体。

4. 结构受整体的制约

结构是整体存在和发展的基础，但同时它又受到整体的制约。任何结构都是一定整体的结构，结构随整体特性的变化而变化。任何结构都是适应整体变化需要而诞生的，当一个结构不能满足这种要求时，它就要被新的结构所取代。

7.2 系统的结构表述

要分析系统的结构，必须先弄清楚该系统中含有哪些要素，以及这些要素之间存在怎样的相互影响和相互制约关系。

7.2.1 系统要素的选取及其关系的确定

面前还没有哪种定量的方法能够自动识别系统的要素，并判定要素的构成。因此，系统要素的选择主要还是通过系统分析人员的智慧。系统要素的选择及要素间相互关系的确定主要有以下几个步骤。

1. 挑选系统分析人员

成员数量以10人左右为宜，所选成员应对所选问题持关心态度，应保证持有各种不同观点的人入选。

2. 设定问题

由于小组成员掌握的情况、分析的目的都是散乱的，各自也都站在不同立场，因此为了使研究工作很好地开展，预先必须使用K.J法、5W1H疑问法等方法，明确规定所研究的问题。

3. 选择构成问题的要素

NGT(Nominal Group Technique)——名义分组法，这种方法能把个人的想法与小组的集体创造性思考很好地结合在一起，它主要有以下几个操作程序。

(1)选择对问题比较熟悉的人员，组成7～8人的小组，选出一名领导、一名记录员。领导应熟悉所研究问题，对过程起着组织的作用，并具有高度概括的能力。

(2)进行问题的设定。一定要使每个成员非常清楚地了解所研究问题。

(3)对提出的问题，每个成员要把各自想到的事情写在纸上，一般限制在15分钟左右。

(4)每个成员要谈出自己的想法，记录员要把这些想法用全体成员都能看到的大字写在一张纸上(或黑板上)，或通过计算机投影到屏幕上。

(5)全体成员边看边讨论、修改、明确，同时把意义、内容相似的方案(要素)归纳为一个。

(6)各成员为修正了的各个方案定上顺序。这就是NGT的结论。

用这种方法能在较短时间内得到很多方案，而且使小组成员参与计划的意识保持旺盛状态，要素项目以10～30项为宜，过多或过少会使模型的理解产生困难。

4. 建立要素之间的关系

决定要素间有无关系，在结构模型的程序中最为重要。开始必须明确“关系”的含义(因果关系、优先关系、包含关系、影响程度、重要程度等)。判断时最好靠直觉进行，这样得出的是要素间的直接关系，若又分析又讨论，就会包含间接的关系。如果最终意见难以统一，可构造两种或两种以上的结构模型。

从结构模型实施的整个过程中，我们可以了解到结构模型是从明确问题开始的。当系统的研究对象确定后，参加制定模型的人员根据对系统及其组成部分的了解和调查，在意识中已经形成一些不完整的有关系统结构的知识。也就是说，对于系统各元素或子系统S_1，…，S_n之间的相互关系有了相当程度的掌握，能够回答所有或大部分“S_i”是否可达“S_j”，即S_iRS_j？($i=1$，…，n；$j=1$，…，n)的问题。通常称这种了解为“意识模型”，再经过相互之间的讨论便形成了一致的或大体一致的看法(本着求同存异的原则)。要把要素间关系输入计算机，由人和计算机经过多次对话逐渐构成结构模型所对应的矩阵。整个过程如图7-1所示。最终得出的结构图，可以将结果与原先构思的模型进行比较。针对比较结果，或修正结构模型，或修正矩阵模型，或修正系统元素集合，直到满意为止。这个过程，也是一个统一工作人员思想，提高工作人员认识的过程。

7.2.2 系统结构的构成

经过以上分析，对于任意系统都含有若干要素，而且要素之间存在着一定的逻辑关系，这些关系可理解为“影响”、“取决于”、“先于”、“需要”、“导致”或其他的含义。我们分别记：系统 S 的要素集为 X，关系集为 R，即：

$$X = \{s_1, \cdots, s_n\}, n \text{ 为要素数目}$$

$R=\{r_{ij}\}, i, j=1, \cdots, n, r_{ij}=(s_i, s_j)$或者 $r_{ij}=s_iRs_j$（s_i同 s_j存在二元关系）。则系统 S 可表达为：

$$S = (X, R)$$

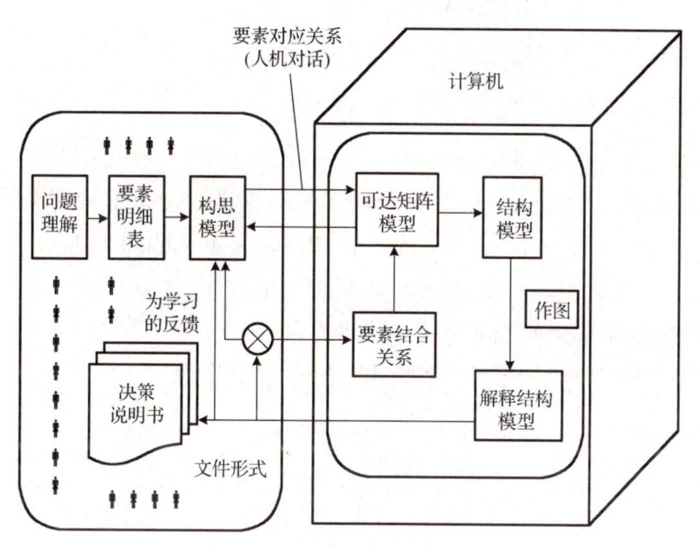

图 7-1 人机对话解释性的结构模型

图 7-2 为一个由四个要素组成的系统。

图 7-2 所示的系统 $S=(X, R)$。其中 $X=\{s_1, s_2, s_3, s_4\}$，$R=\{(s_1, s_2), (s_1, s_4), (s_2, s_3), (s_4, s_2), (s_4, s_3)\}$。

在系统中，由于要素间的关系都是有一定方向的，如因果关系、从属关系、支配关系等。为了不失一般性，本书均把 R 看成是方向性的关系集，$r_{ij}=s_iRs_j$，表示 s_i影响 s_j。

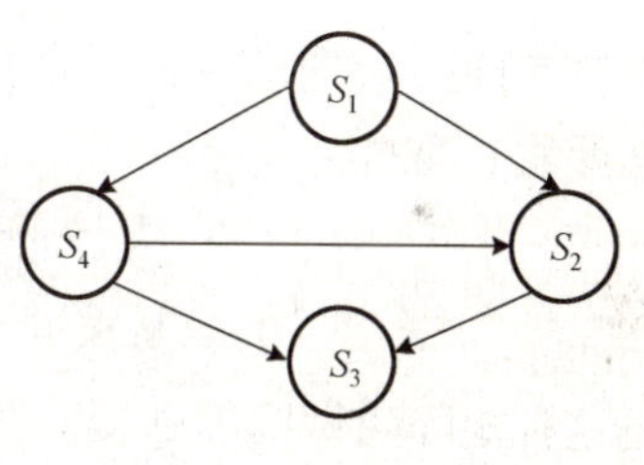

图 7-2 系统构成定义

7.2.3 系统结构的图形表示

系统结构图是由节点和连接节点的枝所构成。在 X 上的二元关系（X，R）中，当 X 是有限集合的时候，若把 X 的要素表达成点，把要素间关系（s_i，s_j）表达成从点 s_i指向点 s_j的具有方向的枝，则系统构造就可表达成系统的有向连接图。

图形表示的最大优点在于直观、容易、明白地表示出系统的构造，并使系统的信息传递路径一目了然。

但是，如果系统为大规模系统或者复杂系统时，系统的有向连接图就会变得错综复杂而难以看清。这时图形表示直观的优越性也丧失了，并且，复杂系统的图形表示不方便演算。因此，采用更有逻辑性的且能够演算的表达形式就成为了必要。

7.2.4 系统结构的矩阵表示

在系统（X，R）中，X 是有限集合时，把 X 的要素取作行和列，并且构成矩阵 A：

$$A = \begin{matrix} & \begin{matrix} s_1 & s_2 & \cdots & s_n \end{matrix} \\ \begin{matrix} s_1 \\ s_2 \\ \vdots \\ s_n \end{matrix} & \begin{bmatrix} a_{11} & a_{12} & \cdots & a_{1n} \\ a_{21} & a_{22} & \cdots & a_{2n} \\ \vdots & \vdots & \vdots & \vdots \\ a_{n1} & a_{n2} & \cdots & a_{nn} \end{bmatrix} \end{matrix}$$

其中：

$$a_{ij} = \begin{cases} 1 & s_i R s_j \\ 0 & s_i \bar{R} s_j \end{cases}$$

A 是一个二值矩阵即布尔矩阵，它的运算可用布尔运算进行。布尔运算关系为：

$$1+1=1 \quad 1+0=1 \quad 0+1=1 \quad 0+0=0$$

$$1\times1=1 \quad 1\times0=0 \quad 0\times1=0 \quad 0\times0=0$$

这样就建立了系统结构与矩阵之间的一一对应关系。

【例 7-1】 由图 7-3 可给出表达系统构造的布尔矩阵为：

$$A = \begin{matrix} & \begin{matrix} S_1 & S_2 & S_3 & S_4 \end{matrix} \\ \begin{matrix} S_1 \\ S_2 \\ S_3 \\ S_4 \end{matrix} & \begin{bmatrix} 0 & 1 & 0 & 1 \\ 0 & 0 & 1 & 0 \\ 0 & 0 & 0 & 0 \\ 0 & 1 & 1 & 0 \end{bmatrix} \end{matrix}$$

把布尔矩阵与图相对照，可以看出布尔矩阵就是一种表达系统有向连接图的矩阵，它将图的点取作相应的行和列，把元素 a_{ij} 取作：

$$a_{ij} = \begin{cases} 1, & \text{从点 } s_i \text{ 到点 } s_j \text{ 有连线（枝）} \\ 0, & \text{从点 } s_i \text{ 到点 } s_j \text{ 无连线（枝）} \end{cases}$$

把这种矩阵叫做图的邻接矩阵，它表示的是各相邻单元之间的直接关系。通过对邻接矩阵的运算，还可以得到更多的有关系统的信息。

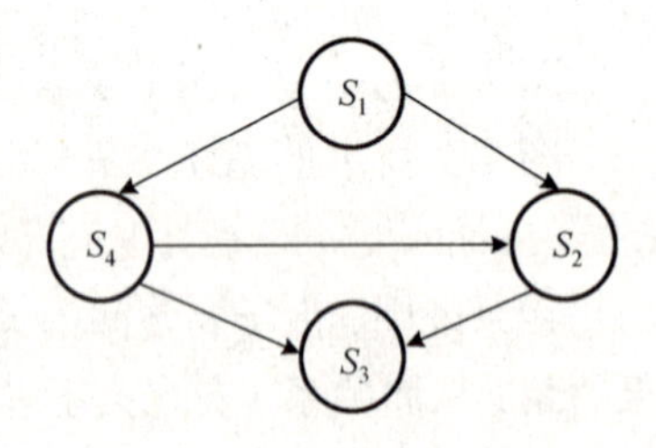

图 7-3 系统构成定义

由于 A 是布尔矩阵，因此有必要叙述下布尔矩阵的几个性质。

(1) 布尔矩阵同二元关系（图）一一对应，若二元关系确定了，则布尔矩阵也就唯一确定。反之亦然。

(2) 布尔矩阵的转秩是表示把二元关系的所有方向改换，即在图中使箭头方向变为反向。

(3) 布尔矩阵的运算与通常矩阵的运算相同，元素的运算根据布尔运算关系进行。

逻辑和（并）　　$A \cup B = \{a_{ij} \cup b_{ij}\} = \max\{a_{ij}, b_{ij}\}$

逻辑乘（交）　　$A \cap B = \{a_{ij} \cap b_{ij}\} = \min\{a_{ij}, b_{ij}\}$

A 与 B 的乘积　　$A \times B = \{\sum_{k=1}^{n} a_{ik} \bullet b_{kj}\} = \max\{\min\{a_{ik}, b_{kj}\}\}$

(4) 布尔矩阵的积为 $A^n = A \times A \times \cdots \times A$ 表示在图中存在长度为 n 的路径。

【例 7-2】 考虑图 7-4 所示的系统构造，则布尔矩阵 A 以及它的幂积如下所示：

$$A = \begin{array}{c} \\ s_1 \\ s_2 \\ s_3 \\ s_4 \end{array}\begin{array}{c} \begin{array}{cccc} s_1 & s_2 & s_3 & s_4 \end{array} \\ \begin{bmatrix} 0 & 1 & 0 & 0 \\ 0 & 0 & 1 & 0 \\ 0 & 1 & 0 & 1 \\ 0 & 0 & 0 & 0 \end{bmatrix} \end{array}$$

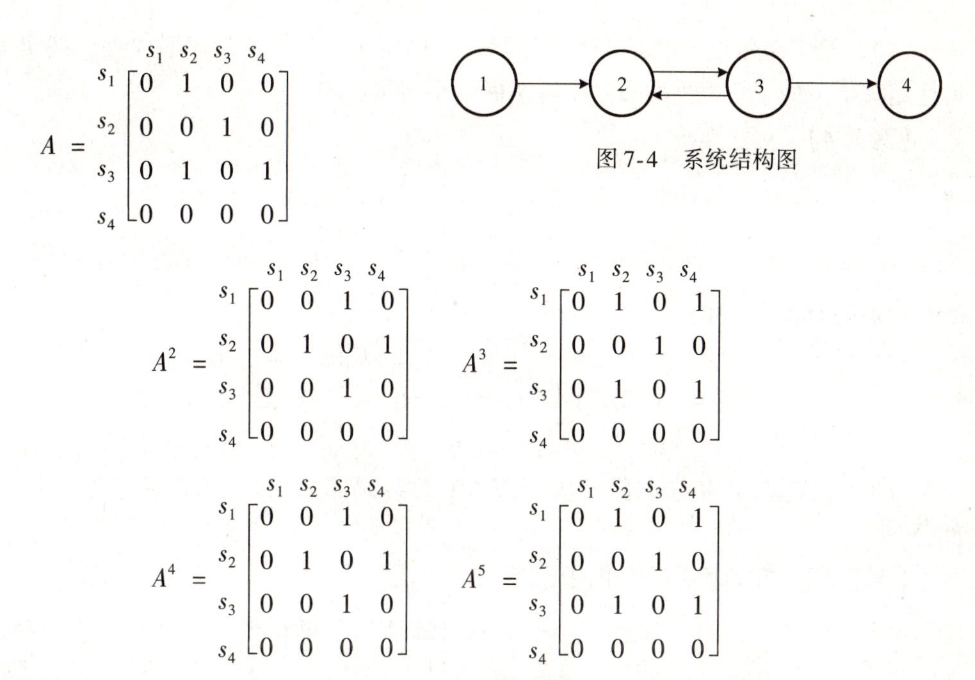

图 7-4　系统结构图

$$A^2 = \begin{bmatrix} 0 & 0 & 1 & 0 \\ 0 & 1 & 0 & 1 \\ 0 & 0 & 1 & 0 \\ 0 & 0 & 0 & 0 \end{bmatrix} \qquad A^3 = \begin{bmatrix} 0 & 1 & 0 & 1 \\ 0 & 0 & 1 & 0 \\ 0 & 1 & 0 & 1 \\ 0 & 0 & 0 & 0 \end{bmatrix}$$

$$A^4 = \begin{bmatrix} 0 & 0 & 1 & 0 \\ 0 & 1 & 0 & 1 \\ 0 & 0 & 1 & 0 \\ 0 & 0 & 0 & 0 \end{bmatrix} \qquad A^5 = \begin{bmatrix} 0 & 1 & 0 & 1 \\ 0 & 0 & 1 & 0 \\ 0 & 1 & 0 & 1 \\ 0 & 0 & 0 & 0 \end{bmatrix}$$

（上述矩阵的行、列均依次标为 s_1, s_2, s_3, s_4）

它们分别表示在步长为 1，2，3，4，5 的路径上可能到达的点的存在。因此，若二元关系是可以递推的（即如果 s_iRs_k，s_kRs_j，则 s_iRs_j），则通过 A^n 的计算就可以把系统构造上相互关联的要素搞清楚。

（5）在布尔矩阵中如果有一列元素（如第 i 列）全是 1，则 s_i 是系统的源点。如果有一行元素（如第 k 行）全为 0，则 s_k 是系统的汇点。

（6）如果需要知道从某一要素 s_i 出发可能到达哪一些要素，则可以把 A（直接的），A^2，A^3，…（间接的）结合在一起来进行研究，取 $M = A \cup A^2 \cup \cdots \cup A^n$。

有时为了方便起见，本书认为任何 s_i 到它本身也是可以达到的，这样应再加一单位阵 I，取 $M = I \cup A \cup A^2 \cup \cdots \cup A^n$。

M 即为系统的可达矩阵。它的每个元素 m_{ij} 表明 s_i 能否达到 s_j（不论路有多长）。

利用上面的公式计算 M 是很麻烦的，尤其是在计算机上计算，A，A^2，A^3，…都要存起来，要占用许多存贮单元。为了使计算简便，可以用以下的办法。

考虑到：　$(I \cup A)^2 = [I(I \cup A)] \cup [A(I \cup A)] = I \cup A \cup A^2$

可以依次类推：$(I \cup A)^n = I \cup A \cup A^2 \cup \cdots \cup A^n = M$

所以只要计算 $(I \cup A)^n$ 就行了，这时不仅计算量小，而且需要存贮的中间结果也少。

【例 7-3】

$$M = (I \cup A)^4 = \left\{\begin{bmatrix} 1 & 0 & 0 & 0 \\ 0 & 1 & 0 & 0 \\ 0 & 0 & 1 & 0 \\ 0 & 0 & 0 & 1 \end{bmatrix} \cup \begin{bmatrix} 0 & 1 & 0 & 0 \\ 0 & 0 & 1 & 0 \\ 0 & 1 & 0 & 1 \\ 0 & 0 & 0 & 0 \end{bmatrix}\right\}^4 = \begin{bmatrix} 1 & 1 & 1 & 1 \\ 0 & 1 & 1 & 1 \\ 0 & 1 & 1 & 1 \\ 0 & 0 & 0 & 1 \end{bmatrix}$$

它表明：1 可达到 1、2、3、4；2 可达到 2、3、4；3 可达到 2、3、4；4 只能达到它本身。

(7)当给定布尔矩阵时，可达矩阵就唯一确定了，但反过来却不成立。把实现给定的可达矩阵中1的个数最少的布尔矩阵叫做最小布尔矩阵。

【例7-4】 可达矩阵

$$M = \begin{bmatrix} 1 & 1 & 1 \\ 1 & 1 & 1 \\ 1 & 1 & 1 \end{bmatrix}$$

的布尔矩阵有多个，如：

$$A_1 = \begin{bmatrix} 0 & 1 & 0 \\ 1 & 0 & 1 \\ 0 & 1 & 0 \end{bmatrix} \quad A_2 = \begin{bmatrix} 0 & 1 & 0 \\ 0 & 0 & 1 \\ 1 & 0 & 0 \end{bmatrix} \quad A_2 = \begin{bmatrix} 0 & 1 & 0 \\ 0 & 0 & 1 \\ 1 & 0 & 1 \end{bmatrix}$$

(8)可达矩阵M和它们的转置矩阵MT的共同部分M∪MT表示系统图中的强连接部分。

【例7-5】 在前面的系统图中，若

$$M \cap M^{\mathrm{T}} = \begin{bmatrix} 0 & 0 & 0 & 0 \\ 0 & 1 & 1 & 0 \\ 0 & 1 & 1 & 0 \\ 0 & 0 & 0 & 0 \end{bmatrix}$$

则表示要素2和要素3构成强连接部分图(回路)。

如果计算出M是满阵(各元素m_{ij}全是1)，那么整个系统就是强连接的。

一般，对于矩阵B，当置换矩阵P存在，使得

$$P^{-1}BP = \begin{bmatrix} B_{11} & B_{12} \\ B_{21} & B_{22} \end{bmatrix}$$

当$B_{12}=0$或者$B_{21}=0$时，矩阵B叫做可约的。即对矩阵适当地进行行和列的置换而能变成分块三角矩阵时，则就称此矩阵为可约的，否则称为既约的。

(9)对于布尔矩阵A，当且仅当它的图为强连接图时，它才称为既约的。

(10)如果图中没有回路，则必有这样一个$v(v<n)$存在，使$A^k=0$，$k>v$。

如果从可达矩阵看，则必然是$M \cup M^{\mathrm{T}} = I$。

7.3 系统结构建模方法

下面介绍两种常用的系统结构建模方法，即DENATEL和ISM。

7.3.1 DEMATEL方法

复杂的系统含有要素众多，并且要素之间关系复杂，如何筛选主要要素，简化系统结构分析的过程是进行系统建模的关键。DEMATEL(Decision Making Trial and Evaluation Laboratory)方法可以很好地帮助我们解决这一问题。

DEMATEL全称为“决策试验和评价实验法”，是1971年Bottelle研究所为了解决现实世界中复杂、困难的问题而提出的方法论。该方法是一种运用图论与矩阵工具进行系统要素分析的方法，通过分析系统中各要素之间的逻辑关系与直接影响关系，可以判断要素之间关系的有无及其强弱评价。目前，该方法已经成功应用于企业创新能力评价、旅游城市评价等多个领域中。

针对一个系统，聚集相关人员需要集思广益，收集有关内部、外部信息，以确定系统包含的一切要素，这需要认真选定有代表性的人员，确定收集的信息全面、客观，确保能够对系统进行正确的分析。该方法的实施步骤主要有以下几个。

(1)分析系统要素。收集相关信息，剖析系统要素。假设某系统含有 n 个要素，记为 $s_1, \cdots, s_n$。

(2)确定要素间的直接影响程度。分析系统各要素之间直接影响关系的有无及其关系的强弱，如果要素 s_i 对要素 s_j 有直接影响，则由 s_i 画一个箭头指向 s_j，同时在图中的箭头上用数字表明要素之间关系的强弱，其中“强”标上3，“中”标上2，“弱”标上1。反之，如果有一个箭头从 s_i 出发指向 s_j，则说明要素 s_j 对要素 s_j 有直接影响，箭头上的数字反映了二者之间关系的强弱，如图7-5所示，其中 a 等表示要素之间关系的强弱。

注意：当 n 充分大时，可以用式 $G(I-G)^{-1}$ 近似计算综合影响矩阵 T，其中 I 为 $n \times n$ 单位阵。

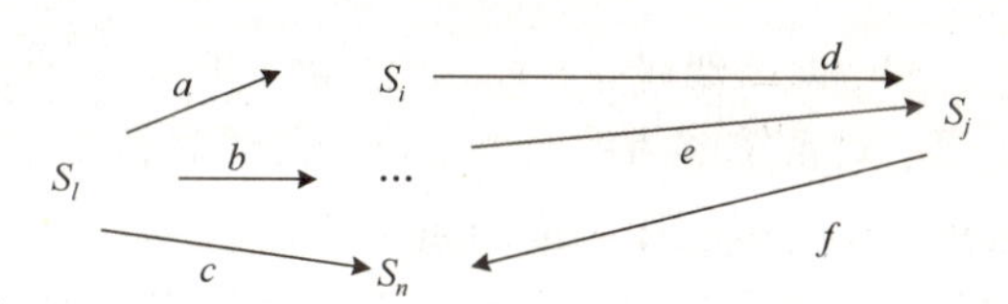

图7-5　因素相互影响有向图

(3)构建直接影响矩阵。将上述各要素之间的直接影响关系用矩阵表示。对于包含 n 个因素的系统而言，用 n 阶矩阵 $X=(a_{ij})_{n \times n}$ 表示各要素之间的直接影响关系。其中 a_{ij} 为图7-5中要素 s_i 和 s_j 间连线上的数据，即要素 s_i 对要素 s_j 有直接影响。若要素 s_i 和 s_j 间无联系，则 $a_{ij}=0$。

(4)计算规范化直接影响矩阵。将直接影响矩阵进行规范化处理得到规范化直接影响矩阵 $G(G=[g_{ij}]_{n \times n})$，

$$G = \frac{1}{\max\limits_{1 \leqslant i \leqslant n} \sum\limits_{j=1}^{n} x_{ij}} X$$

(5)确定综合影响矩阵。为了分析各要素之间的关系，需要求综合影响矩阵，具体方法如图7-6所示。

(6)计算要素的影响度和被影响度。对矩阵 T 中元素按行相加得到相应要素的影响度，对矩阵 T 中元素按列相加得到相应要素的被影响度。例如，要素 $s_i(i=1, 2, \cdots, n)$ 的影响度 f_i 和被影响度 e_i 的计算公式如下：

$$f_i = \sum_{j=1}^{n} t_{ij} \quad (i = 1, 2, \cdots, n)$$

$$e_i = \sum_{j=1}^{n} t_{ji} \quad (i = 1, 2, \cdots, n)$$

(7)计算各要素的中心度与原因度。系统要素的影响度和被影响度相加得到其中心度，

系统要素的影响度和被影响度相减得到其原因度。例如，要素 $s_i(i=1, 2, \cdots, n)$的中心度 m_i和原因度 n_i的计算公式如下：

$$m_i = f_i + e_i \quad (i = 1, 2, \cdots, n)$$

$$n_i = f_i - e_i \quad (i = 1, 2, \cdots, n)$$

如果原因度 $n_i > 0$，表明该要素对其他要素影响大，称为原因要素。如果原因度 $n_i < 0$，表明该要素受其他要素影响大，称为结果要素。

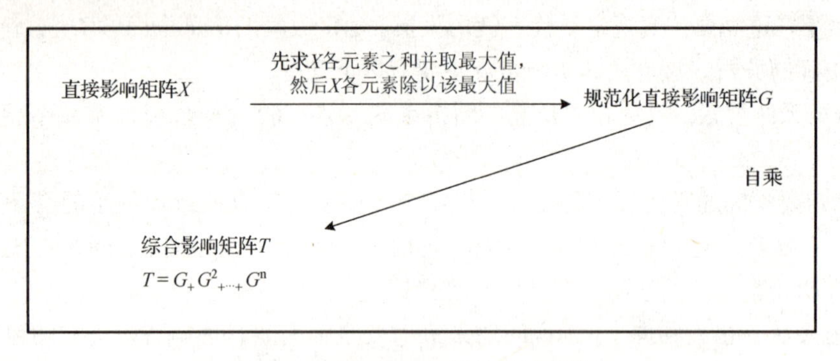

图 7-6　DEMATEL 方法的算法步骤图

(8)提出建议。通过上述计算，可以根据影响度和被影响度判断出要素间的相互影响关系，对系统整体的影响程度，再根据各要素的中心度可判定出各个要素在系统中的重要程度，还可根据原因度的大小，确定各要素在系统中的所处的位置。这样我们可以根据上述量化关系，删减要素的数量，简化要素之间关系的复杂程度。

定理 1　DEMATEL 方法求得的各要素的中心度和原因度与指标的顺序无关。

证明：

(1)不妨设 X_1是由影响要素 $F_1, F_2, \cdots, F_n$，按照 $1, 2, \cdots, n$ 排列得到的直接影响矩阵。X_2是按照 $1, 2, \cdots, n$ 的另一种排列 $1, 2, \cdots, i-1, j, i+1, \cdots, j-1, i, j+1, \cdots, n$ 得到的直接影响矩阵，这里 $j>i$，则不难看出，直接影响矩阵 X_1经过交换第 i, j 列后，再交换第 i, j 行即可得到直接影响矩阵 X_2，即由初等变换矩阵 $P(i, j)$使得

$$X_2 = P(i, j)X_1P(i, j)$$

又因为 $P(i, j)^{-1} = P(i, j)$，所以 $X_2 = P(i, j)^{-1}X_1P(i, j)$，即 $X_1 = P(i, j)X_2P(i, j)^{-1}$ 也就是说，X_1与 X_2是等价的。

由于：

$$\begin{aligned} T_1 &= X_1(X_1 - I) - 1 \\ &= P(i, j)X_2P(i, j) - 1(P(i, j)X_2P(i, j) - 1 - I) - 1 \\ &= P(i, j)X_2P(i, j) - 1P(i, j)(X_2 - I) - 1P(i, j) - 1 \\ &= P(i, j)X_2(X_2 - I) - 1P(i, j) - 1 \\ &= P(i, j)T_2P(i, j) - 1 \end{aligned}$$

反之亦有：

$$T_2 = P(i, j)^{-1}T_1P(i, j)$$

所以 T_1与 T_2是等价的。

下面证明根据综合影响矩阵 T_1 所求的要素 s_i 的中心度 m_i 和原因度 n_i 与根据综合影响矩阵 T_2 所求的相等。

根据综合影响矩阵 T_1，由于中心度 m_i 的定义可得，m_i 是 T_1 的第 i 行与第 i 列的和。而根据在综合影响矩阵 T_2，由于中心度 m_i 的定义可得，m_i 是 T_2 的第 j 行与第 j 列的和。由于 $T_2=P(i,j)^{-1}T_1P(i,j)$，由 $P(i,j)$ 是互换两行或者两列的变换矩阵，互换行不改变列和，互换列不改变行和，所以综合影响矩阵 T_1 的第 i 行的行和与第 i 列的列和分别与综合影响矩阵 T_j 的第 j 行的行和与第 j 列的列和相等，所以根据综合影响矩阵 T_1 所求的要素 s_i 的中心度 m_i 和原因度 n_i 与根据综合影响矩阵 T_2 所求的相等。

（2）对于一般的情况，X_1 是由影响要素 $s_i(i=1,2,\cdots,n)$ 构成，按照从 1，2，…，n 的任意一种排列得到的直接影响矩阵，X_2 是按照从 1，2，…，n 的任意另一种排列得到的直接影响矩阵，则不难看出，X_1 与 X_2 仍然是等价的，即存在一个可逆矩阵 P，这里 $P=P(i_1,j_1)\cdots P(i_t,j_t)$，这里 $P(i_t,j_t)$ 是互换两行或者两列的变换矩阵，使得 $X_1=P\,X_2P^{-1}$ 成立，同理可证得 T_1 与 T_2 是等价的，由（1）的结论得出，综合影响矩阵 T_1 所求的要素 s_i 的中心度 m_i 和原因度 n_i 与根据综合影响矩阵 T_2 所求的相等。

综上所述可知，DEMATEL 方法求得的各要素的中心度与原因度与指标的顺序无关。

该性质保证了我们建立直接影响矩阵时，不需要考虑指标顺序。

【例 7-6】 按照 DEMATEL 算法步骤，我们可以得到各要素之间的综合影响关系以及各要素的中心度与原因度，如表 7-2 所示。

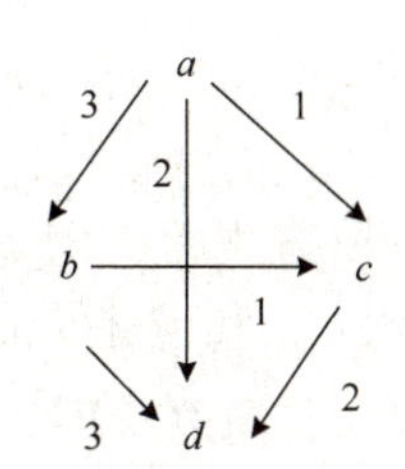

图 7-7　有向图表示系

$$X^d=\begin{array}{c|cccc} & a & b & c & d \\ \hline a & 0 & 3 & 1 & 2 \\ b & 0 & 0 & 1 & 3 \\ c & 0 & 0 & 0 & 2 \\ d & 0 & 0 & 0 & 0 \end{array}$$

图 7-8　直接影响矩阵

表 7-2　各要素之间的综合影响矩阵及其原因度与中心度

要　素	a	b	c	d	行　和	原 因 度	中 心 度
a	0.00	0.50	0.25	0.67	1.42	1.42	1.42
b	0.00	0.00	0.17	0.56	0.72	0.22	1.22
c	0.00	0.00	0.00	0.33	0.33	−0.08	0.75
d	0.00	0.00	0.00	0.00	0.00	−1.56	1.56
列和	0.00	0.50	0.42	1.56	0.00		

根据上述表格，我们可以看出，各要素在系统中的重要程度依次是 d、a、b、c，原因要素是 a、b，结果要素是 c，d。在该系统中，c 的原因度最小，中心度也最小，可以考虑删除该要素，达到减少要素的目的。

我们虽然通过 DEMATEL 方法减少了系统要素的构成，并简化了系统要素之间的关系，但是对于大的复杂系统，如社会、经济、环境、生态系统，仍然难以分析。因此，需要使用结构解析模型(ISM 模型)将大系统分解成若干子系统或者将大系统划分成层次结构。

7.3.2 ISM 方法

解释结构模型(Interpretative Structural Modeling Method, ISM)是美国 J. 华费尔特教授于 1973 年作为分析复杂的社会经济系统有关问题的一种方法而开发的。它是结构模型化技术的一种。其特点是把复杂的系统分解为若干子系统(要素),利用人们的实践经验和知识,以及电子计算机的帮助,最终将系统构造成一个多级递阶的结构模型。它特别适用于变量众多、关系复杂而结构不清晰的系统分析中,也可用于方案的排序等。

目前, ISM 法的应用范围很广,涉及能源、资源等国际性问题,地区开发、交通事故等国内范围的问题,以及企业、个人范围内的问题。它在系统工程的所有阶段(明确问题、确定目标、计划、分析、综合、评价、决策)都能应用,尤其对统一意见很有效。一般来讲,适于运用 ISM 法的准则包括想抓住问题的本质,想找到解决问题的有效对策以及想得到多数人的同意等。

ISM 方法的操作步骤,除了包含挑选实施 ISM 的成员、设定问题、选择构成问题的要素、建立要素之间的关系外,还包含构建结构模型和解释结构模型的意义。其中构建结构模型又分为二个阶段,根据问题建立可达矩阵和根据可达矩阵建立结构解析模型。由于本章前面已经介绍过可达矩阵的计算,所以本节着重介绍系统结构模型的建立。在介绍上述实施 ISM 详细步骤之前,先介绍下一些基本定义。

1. 基本概念

假设某系统 X 的要素集为 $X=(s_1, \cdots, s_n)$,系统的可达矩阵为 $M=(m_{ij})_{n\times n}$。

(1)没有回路的上位集。要素 s_i 没有回路的上位集记作 $A(s_i)$。其中 $A(s_i)$ 中的要素与 s_i 无关,而 s_i 与 $A(s_i)$ 中的要素有关,即有向图上从 s_i 到 $A(s_i)$ 存在有向边,而从 $A(s_i)$ 到 s_i 却不存在有向边。

(2)有回路的上位集。要素 s_i 有回路的上位集记作 $B(s_i)$。其中 $B(s_i)$ 中的要素与 s_i 有关, s_i 与 $B(s_i)$ 中的要素也有关,即有向图上从 s_i 到 $B(s_i)$ 存在有向边,且从 $B(s_i)$ 到 s_i 也存在有向边。

(3)无关集。要素 s_i 的无关集记作 $C(s_i)$。其中 $C(s_i)$ 中的要素与 s_i 无关, s_i 与 $C(s_i)$ 中的要素也无关,即有向图上从 s_i 到 $C(s_i)$ 无有向边存在,且从 $C(s_i)$ 到 s_i 也没有有向边存在。

(4)下位集。要素 s_i 的下位集记作 $D(s_i)$。其中 $D(s_i)$ 中的要素与 s_i 有关, s_i 与 $D(s_i)$ 中的要素无关,即有向图上从 s_i 到 $D(s_i)$ 无有向边存在,而从 $D(s_i)$ 到 s_i 有有向边存在。

图 7-9 反映了要素 s_i 与 $A(s_i)$、$B(s_i)$、$C(s_i)$ 和 $D(s_i)$ 之间的关系。

(5)可达集合。要素 s_i 的上位集(包含没有回路的上位集 $A(s_i)$ 和有回路的上位集 $B(s_i)$)又称为可达集合。记做 $L(s_i)=\{s_j\in X \mid m_{ij}=1\}$。从有向图上看,即是从 s_i 节点出发能够去到 $L(s_i)$ 节点的集合。

(6)先行集合。与可达集合相对应,要素 s_i 的下位集又称为先行集合。记做 $F(s_i)=\{s_j$

$\in X \mid m_{ji}=1\}$。先行集合又被称为前向集合。从有向图上看，即是所有可达到 s_i 节点的 $F(s_i)$ 节点的集合。

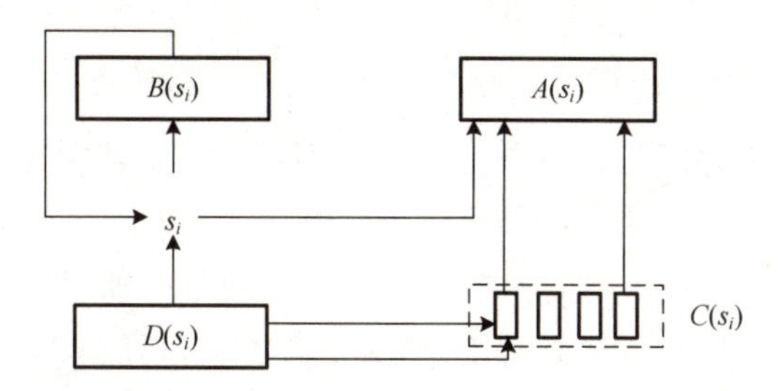

图 7-9　要素 s_i 及其上位集、无关集和下位集之间的关系图

2. 实施 ISM 的步骤

实施 ISM 的详细步骤可以归纳为以下几步。

第 1 步，找出影响系统问题的主要因素，判断要素间的直接(相邻)影响关系。

第 2 步，考虑因果等关系的传递性，建立反映诸要素间关系的可达矩阵(该类矩阵属反映逻辑关系的布尔矩阵)。

第 3 步，考虑要素间可能存在的强连接(相互影响)关系，仅保留其中的代表要素，形成可达矩阵的缩减矩阵。

第 4 步，缩减矩阵的层次化处理，可分为以下两个步骤。

(1)按照矩阵每一行“1”的个数的少与多，从前到后重新排列矩阵，此矩阵应为严格的下三角矩阵。

(2)从矩阵的左上到右下依次找出最大单位矩阵，逐步形成不同层次的要素集合。

第 5 步，作出多级递阶有向图，主要有以下几个过程。

(1)按照每个最大单位子矩阵框定的要素，将各要素按层次分布。

(2)将第 3 步被缩减掉的要素随其代表要素同级补入，并标明其间的相互作用关系。

(3)用从下到上的有向弧来显示逐级要素间的关系。

(4)补充必要的越级关系。

第 6 步，经直接转换，建立解释结构模型。

上述方法中，是建立缩减矩阵，然后按照行中 1 的个数的多少来重排新矩阵，因为是一个无回路有向图(Directed Acyclic Graph，DAG)图，可以是一个严格的下三角矩阵。建立严格下三角矩阵的过程，就是求强连通子集的过程，是对强连通子集进行可达值数目的多少进行排序。

3. 区域分解

基于可达矩阵，将系统的要素分解为几个相互无联系，或联系极少的区域。具有以下几种操作方法。

(1)确定各要素的可达集合和前向集合。

依据可达集合和前向集合的定义，确定系统中各要素的可达集合和前向集合。

(2)分析要素的共同集合。

系统要素的共同集合记为 T，其中 $T = \{s_j \in X \mid L(s_i) \cap F(s_i) = F(s_i)\}$，$T$ 中的要素为底层要素。

(3)区域划分。

区域划分就是把要素之间的关系分为可达与不可达，并且判断这些要素的连通性，即把系统分为有关系的几个部分或子部分。

分析 T 中的要素，并且找出与它们在同一部分的要素。如果要素在同一部分内，则它们的可达集的交集非空。即对于要素 s_i 和 s_j 而言，若 $L(s_i) \cap L(s_j) = \phi$，则它们分别属于两个联通域，否则它们属于同一联通域。

经这样运算，可将系统 X 划分为若干个区域，记为：$\Pi(X) = P_1, \cdots, P_M$(m 为分区数目)。

【例 7-7】 假设某系统的可达矩阵如下：

$$M = \begin{array}{c} \\ 1 \\ 2 \\ 3 \\ 4 \\ 5 \\ 6 \\ 7 \end{array} \begin{array}{c} \begin{array}{ccccccc} 1 & 2 & 3 & 4 & 5 & 6 & 7 \end{array} \\ \begin{bmatrix} 1 & 0 & 0 & 0 & 0 & 0 & 0 \\ 1 & 1 & 0 & 0 & 0 & 0 & 0 \\ 0 & 0 & 1 & 1 & 1 & 1 & 0 \\ 0 & 0 & 0 & 1 & 1 & 1 & 0 \\ 0 & 0 & 0 & 0 & 1 & 0 & 0 \\ 0 & 0 & 0 & 1 & 1 & 1 & 0 \\ 1 & 1 & 0 & 0 & 0 & 0 & 1 \end{bmatrix} \end{array}$$

为了对 M 进行区域分解，计算系统中各个要素的可达性集合和先行集合以及二者的共同集合，如表 7-3 所示。

表 7-3 可达性集合、先行集合和共同集合

i	$L(s_i)$	$F(s_i)$	$L(s_i) \cap F(s_i)$
1	1	1, 2, 7	1
2	1, 2	2, 7	2
3	3, 4, 5, 6	3	3
4	4, 5, 6	3, 4, 6	4, 6
5	5	3, 4, 5, 6	5
6	4, 5, 6	3, 4, 6	4, 6
7	1, 2, 7	7	7

由表 7-3 可知，$T = \{s_3, s_7\}$。

由于 $L(s_3) \cap L(s_7) = \phi$，所以 s_3 与 s_7 分别属于两个区域中。

另外，由于 s_4、s_5 和 s_6 的可达集合与 s_3 的可达集合交集非空，所以 s_4、s_5、s_6 和 s_3 在同一区域。同理，s_1、s_2 和 s_7 在同一区域。

因此，整个系统可划分为两个区域：$\Pi(X) = P_1, P_2$。其中，$P_1 = \{s_3, s_4, s_5, s_6\}$，$P_1 = \{s_1, s_2, s_7\}$。

依据区域划分的结构，可将可达矩阵中的要素进行重新排列，得矩阵 M_H：

$$M_H = \begin{array}{c} \\ 3 \\ 4 \\ 5 \\ 6 \\ 1 \\ 2 \\ 7 \end{array}\begin{array}{c} \begin{array}{ccccccc} 3 & 4 & 5 & 6 & 1 & 2 & 7 \end{array} \\ \left[\begin{array}{ccccccc} 1 & 1 & 1 & 1 & & & \\ 0 & 1 & 1 & 1 & & 0 & \\ 0 & 0 & 1 & 0 & & & \\ 0 & 1 & 1 & 1 & & & \\ & & & & 1 & 0 & 0 \\ & 0 & & & 1 & 1 & 0 \\ & & & & 1 & 1 & 1 \end{array}\right] \end{array}$$

和矩阵 M 不同，矩阵 M_H的结构更为清晰。

(4)区域内级间分解。

级间划分就是系统中的所有要素划分成不同级(层)次。

依据可达集合和先行集合的定义，在一个多级结构中，系统的最上级要素的可达集只能由其本身和其强连接要素组成。所谓两要素的强连接是指这两个要素互为可达的，在有向连接图中表现为都有连线指向对方。具有强连接性的要素称为强连接要素。另一方面，最上级要素的先行集也只能由其本身和结构中的下一级可能达到该要素以及要素的强连接元素构成。因此，系统的最上级要素 s_i必须满足以下条件：

$$L(s_i) \cap F(s_i) = L(s_i)$$

找出最上级要素后，在可达矩阵中划出它们，然后继续寻找划出后的最上级要素，直至划出了所有要素。级间分解的步骤可归纳为以下几步：

① 如果 $L(s_i) \cap F(s_i) = L(s_i)$，则 s_i属于第一级要素；

② 在可达矩阵 M 中划去该要素所对应行和列，重复步骤①得到次一级要素；

③ 直至对所有要素分级；

④ 根据分级的先后次序重新对矩阵进行排列。

根据以上级间分解原理和方法，来对前面经过区域分解的分块可达性矩阵 M_H中的区域 P_1和 P_2进行分级。同前面表 7-3 中可达性集合、先行集合、共同集合的划分办法一样，可把表 7-3 中取 $i=3, 4, 5, 6$ 的部分，得表 7-4。

表 7-4　要素 s_3，s_4，s_5，s_6 可达性集合、先行集合和共同集合

i	$L(s_i)$	$F(s_i)$	$L(s_i) \cap F(s_i)$
3	3,4,5,6	3	3
4	4,5,6	3,4,6	4,6
5	5	3,4,5,6	5
6	4,5,6	3,4,6	4,6

依据表 7-4，进行区域间层级分析。

①

$$\begin{aligned} L_1 &= \{s_i \in P_1 \mid L(s_i) \cap F(s_i) = L(s_i)\} \\ &= \{s_i \in \{s_3, s_4, s_5, s_6\} \mid L(s_i) \cap F(s_i) = L(s_i)\} \\ &= \{s_5\} \end{aligned}$$

即，第一级要素为 s_5，剩余要素为：

$$\{P - L_1\} = \{s_3, s_4, s_5, s_6\} - \{s_5\}$$
$$= \{s_3, s_4, s_6\}$$

计算剩余要素的可达性集合、先行集合以及二者的交集，得表7-5。

表7-5　要素 s_3，s_4，s_6 可达性集合、先行集合和共同集合

i	$L(s_i)$	$F(s_i)$	$L(s_i) \cap F(s_i)$
3	3,4,6	3	3
4	4,6	3,4,6,	4,6
6	4,6	3,4,6	4,6

②
$$L_2 = \{s_i \in P_1 - L_1 \mid L(s_i) \cap F(s_i) = L(s_i)\}$$
$$= \{s_i \in \{s_3, s_4, s_6\} \mid L(s_i) \cap F(s_i) = L(s_i)\}$$
$$= \{s_4, s_6\}$$

即，第二级要素为 s_4 和 s_6，剩余要素为：

$$\{P - L_1 - L_2\} = \{s_3, s_4, s_5, s_6\} - \{s_5\} - \{s_4, s_6\} = \{s_3\}$$

表7-6　要素 s_3 可达性集合、先行集合和共同集合

i	$L(s_i)$	$F(s_i)$	$L(s_i) \cap F(s_i)$
3	3	3	3

③
$$L_3 = \{s_i \in P_1 - L_1 - L_2 \mid L(s_i) \cap F(s_i) = L(s_i)\}$$
$$= \{s_i \in \{s_3\} \mid L(s_i) \cap F(s_i) = L(s_i)\}$$
$$= \{s_3\}$$

即，第三级要素为 s_3，剩余要素为：

$$\{P - L_1 - L_2 - L_3\} = \{s_3, s_4, s_5, s_6\} - \{s_5\} - \{s_4, s_6\} - \{s_3\} = \varphi$$

至此，所有要素均被分级。故区域 P_1 共分为三级，即第一级元素 s_5，第二级元素 s_4、s_5，第三级元素 s_3。

同理，可将区域 P_2 进行分级，则可得第一级为 s_1，第二级为 s_2，第三级为 s_7，用公式表达为：

$$P_1 = L_1^1, L_2^1, L_3^1 = \{s_5\}, \{s_4, s_6\}, \{s_3\},$$
$$P_2 = L_1^2, L_2^2, L_3^2 = \{s_1\}, \{s_2\}, \{s_7\}$$

依据层级分解的结果，将可达性矩阵 M_H 按级变位，得 M'_H：

$$M'_H = \begin{array}{c} \\ 5 \\ 4 \\ 6 \\ 3 \\ 1 \\ 2 \\ 7 \end{array} \begin{array}{c} \begin{array}{ccccccc} 5 & 4 & 6 & 3 & 1 & 2 & 7 \end{array} \\ \left[\begin{array}{ccccccc} 1 & 0 & 0 & 0 & & & \\ 1 & 1 & 1 & 0 & & 0 & \\ 1 & 1 & 1 & 0 & & & \\ 1 & 1 & 1 & 1 & & & \\ & & & & 1 & 0 & 0 \\ & 0 & & & 1 & 1 & 0 \\ & & & & 1 & 1 & 1 \end{array}\right] \end{array}$$

需要注意的是：对于结构不太复杂的系统，级间分解可直接在可达性矩阵上进行。如图 7-10 所示，首先找出矩阵元素全部为 1 的各列，把该列与其相对应的行抽去，作为第一级，然后得到新的缩减矩阵 M'。再用同样方法找出矩阵元素全部为 1 的新列，再抽出其相应的列与行，作为第二级。如此重复下去，直到分解完为止。

(5)强连通块划分。

从矩阵 M_H'中得知，$\{s_4, s_6\}$的相应行和列的矩阵元素完全一样。因此，可以把两者当做一个系统来对待，从而可缩减相应的行和列，得到新的递阶结构分块可达性矩阵 M'（称为缩减矩阵）。将 s_6除去后，得：

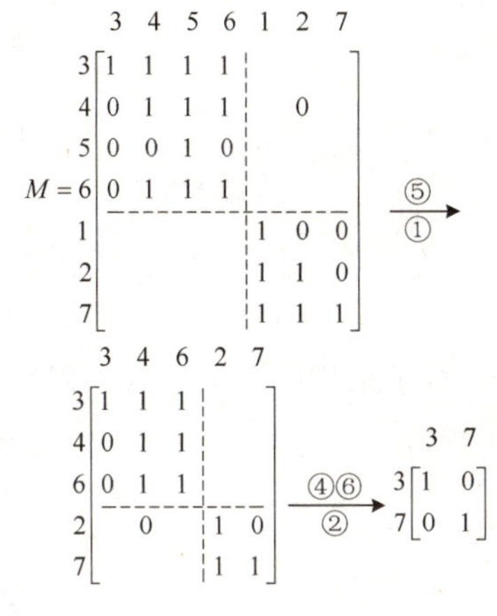

图 7-10　分解过程图

$$
M' = \begin{array}{c} \\ 5 \\ 4 \\ 3 \\ 1 \\ 2 \\ 7 \end{array}
\begin{array}{c}
\begin{array}{cccccc} 5 & 4 & 3 & 1 & 2 & 7 \end{array} \\
\left[\begin{array}{cccccc}
1 & 0 & 0 & & & \\
1 & 1 & 0 & & 0 & \\
1 & 1 & 1 & & & \\
 & & & 1 & 0 & 0 \\
 & 0 & & 1 & 1 & 0 \\
 & & & 1 & 1 & 1
\end{array}\right]
\end{array}
$$

(6)结构模型的建立。

在区域划分和级间分解的基础上，可求解结构模型。求解结构模型，就是要建立结构矩阵，这个结构矩阵，主要用来反映系统多级递阶结构的问题，使系统层次分明，结构清晰。令 A'代表结构矩阵，它可以从缩减后的可达性矩阵 M'通过一系列的计算求得。下面给出一简易的计算方法。缩减矩阵 M'中减去单位矩阵 I，得到新的矩阵 M''，再从 M''中分析找出结构矩阵。这个道理，正好等于把对系统进行整理而求得的可达性矩阵再还原回去，得到原系统的分级递阶结构有向连接图，但它已实现了对系统更高一级的认识。

现仍以前例求解，因为前面缩减矩阵 M'已知，故可继续求 M''，即：

$$
M'' = M' - I = \begin{array}{c} \\ 5 \\ 4 \\ 3 \\ 1 \\ 2 \\ 7 \end{array}
\begin{array}{c}
\begin{array}{cccccc} 5 & 4 & 3 & 1 & 2 & 7 \end{array} \\
\left[\begin{array}{cccccc}
0 & 0 & 0 & & & \\
1 & 0 & 0 & & 0 & \\
1 & 1 & 0 & & & \\
 & & & 0 & 0 & 0 \\
 & 0 & & 1 & 0 & 0 \\
 & & & 1 & 1 & 0
\end{array}\right]
\end{array}
$$

在矩阵 M''中，先找一级与二级之间的关系，再找二级与三级之间的关系，直到把每一分区的各级找完为止，则可求出结构矩阵 A''来。

从 M''中知，$m_{45}''=1$ 说明节点 s_4与处于第一级的节点 s_5有关，即 $s_4 \rightarrow s_5$，然后抽去 s_5的行和列再找第二级与第三级之间关系，又知 $m_{34}''=1$ 说明节点间 s_3和 s_4有 $s_3 \rightarrow s_4$的关系。依此可把 P_2区域中的节点间关系也找出来，即：

$$m''_{21}=1\text{，则有 } s_2 \to s_1$$

$$m''_{72}=1\text{，则有 } s_7 \to s_2$$

最后，把 $m''_{45}=1$，$m''_{34}=1$，$m''_{21}=1$，$m''_{72}=1$ 作为结构矩阵的元素，划出结构矩阵 A' 如下：

$$A' = \begin{array}{c} \\ 5 \\ 4 \\ 3 \\ 1 \\ 2 \\ 7 \end{array} \begin{array}{c} \begin{array}{cccccc} 5 & 4 & 3 & 1 & 2 & 7 \end{array} \\ \left[\begin{array}{cccccc} 0 & 0 & 0 & & & \\ 1 & 0 & 0 & & 0 & \\ 0 & 1 & 0 & & & \\ & & & 0 & 0 & 0 \\ & 0 & & 1 & 0 & 0 \\ & & & 0 & 1 & 0 \end{array}\right] \end{array}$$

有了结构矩阵 A'，就可以绘制出系统的多级递阶有向结构图来，如图 7-11 所示。

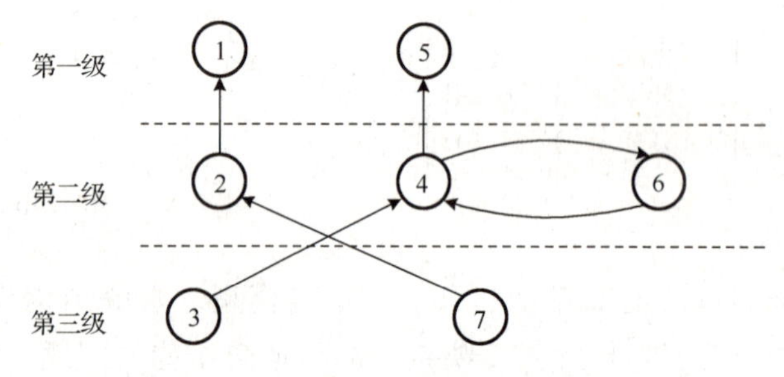

图 7-11　多级递阶有向结构图

这个实例看起来很简单，一般直观就可画出来，而实际中的系统、元素之间关系要比这复杂得多。

案例分析

基于 DEMATEL 的省文明城市测评指标分析

自 1995 年中宣部、国务院办公厅在张家港召开全国精神文明建设经验交流会以来，文明城市的建设已经在提高城市文明程度、市民素质和群众生活质量，推动物质文明、政治文明、精神文明协调发展和经济社会全面进步等方面，发挥了重要作用，取得了显著成效。2004 年中央文明办颁发的《全国文明城市测评体系》中设定了各级文明城市的测评指标体系，以及各项指标的权重系数。文明城市的测评方法的选择直接影响文明城市的测评结果，现有的文明城市的测评方法主要有加权平均方法和层次分析方法。加权平均方法和层次分析方法均要求测评指标间满足独立性。而《全国文明城市测评体系》中设定了各级文明城市的测评指标体系的指标间并不是完全独立的，它们存在交互关联作用。为了更加科学合理地评价城市的文明程度，下面以省级/副省级文明城市测评一级指标为例，基于 DEMATEL 方法探讨测评指标间关联的确定和消除。

1. 文明城市一级测评指标分析

适用于省会城市的文明测评体系的一级指标包含政务环境(Ⅰ-1)、法制环境(Ⅰ-2)、市场环境(Ⅰ-3)、人文环境(Ⅰ-4)、生活环境(Ⅰ-5)、生态环境(Ⅰ-6)和文明城市创建活动(Ⅰ-7)。这些一级指标间并不是相互独立的。其中，政务环境和法制环境之间存在着相互影响关系，只有政务环境廉洁公正才能创造公正公平的法制环境，而法制的宣传和人民权益的保证又依赖于政务环境。政务环境和法制环境是基础，它们共同支撑市场环境、人文环境、生活环境和生态环境的建设。例如，政务环境影响市场环境的建设，只有诚信政府才能构建诚信市场。法制环境影响人文环境，只有健全合理的法制环境才能有利于文化市场管理和文化遗产保护。人文环境影响市场环境的建设，因为国民教育影响人们诚信系统的构建。而市场环境也影响着生活环境，具体而言，诚信的市场环境影响生活环境的医疗和公共卫生。人文环境的建设影响人们的可持续发展观，因为，它对生态环境中的废弃物处理等有影响。市场环境、生活环境、生态环境和人文环境发展良好才能支撑文明城市的创建活动。

DEMATEL方法适合描述指标间影响关系，下面利用它分析省文明城市一级指标间的相互影响关系。利用DEMATEL方法分析省会/副省级市文明城市测评一级指标间的关联，具体有以下几个步骤。

步骤1，确定一级指标间的直接影响矩阵。选择南京市的300人作为调查对象。其中白下区、秦淮区、玄武区、鼓楼区、下关区、雨花区、栖霞区和建邺区，每个区选择调查对象30人。江宁区、浦口区和六合区，每个区选择调查对象20人。通过电子邮件(E-mail)的方式对调查对象进行了为期2个月的问卷调查。采用1~9标度对省会/副省级市文明城市测评一级指标间的直接关联程度进行调研。其中9表示对应指标间的关联程度最强，1表示对应指标间的关联最弱。回收有效问卷261份。对有效问卷进行分析并取平均数作为对应指标的直接关联程度，得到省会/副省级市文明城市测评一级指标间的直接影响矩阵，见表7-7。

表7-7 文明城市测评一级指标的直接影响矩阵

	I-1	I-2	I-3	I-4	I-5	I-6	I-7
I-1		6.67	8.22	7.22	6.22	5.78	7.67
I-2	5.22		6.89	4.56	5.78	4.78	4.00
I-3	3.67	3.33		4.67	5.22	5.11	3.00
I-4	4.44	3.75	5.44		6.78	6.22	6.00
I-5	2.78	3.11	4.89	5.11		6.44	6.00
I-6	2.56	2.78	3.22	4.11	6.22		6.22
I-7	5.11	4.44	3.44	3.50	5.44	4.78	

步骤2，确定指标间的综合影响矩阵。依据DEMATEL方法和表7-7的数据计算得到省会/副省级市文明城市测评一级指标间的综合影响矩阵，见表7-8。

步骤3，确定原因指标和结果指标。依据表7-8，首先计算各指标的影响度(表7-8中各指标所对应的行和)和被影响度(表7-8中各指标所对应的列和)，然后确定各指标的原因度，并绘制指标的原因-结果图(见图7-12)。

表7-8 文明城市测评一级指标的综合影响矩阵

	I-1	I-2	I-3	I-4	I-5	I-6	I-7
I-1	0.29	0.42	0.54	0.48	0.54	0.50	0.53
I-2	0.34	0.22	0.43	0.36	0.44	0.40	0.39
I-3	0.26	0.25	0.23	0.31	0.38	0.35	0.31
I-4	0.33	0.31	0.40	0.27	0.47	0.44	0.43
I-5	0.26	0.26	0.35	0.34	0.28	0.39	0.38
I-6	0.24	0.24	0.30	0.30	0.39	0.24	0.37
I-7	0.30	0.29	0.32	0.30	0.39	0.35	0.26

	I-1	I-2	I-3	I-4	I-5	I-6	I-7
中心度	5.33	4.58	4.67	5.00	5.18	4.77	4.88
原因度	1.30	0.57	-0.48	0.27	-0.63	-0.58	-0.45

依据一级指标的原因-结果图(见图7-12)可以得出省会/副省级文明城市建设的原因指标为政务环境、法制环境和人文环境,结果指标为市场环境、生态环境、生活环境和文明城市创建活动。原因指标对其他指标的影响较大,而结果指标受到其他指标的影响较大。因此,若要将城市建设成文明城市,需要从根本上解决问题,即规范政务环境和法制环境,加强人文环境建设。因此,可依据原因指标对城市的文明程度进行评价,也即利用政务环境、法制环境和人文环境代替原有的7个一级指标评价城市的文明程度。这样既精简了指标体系,又确定了一级指标间的交互影响作用。

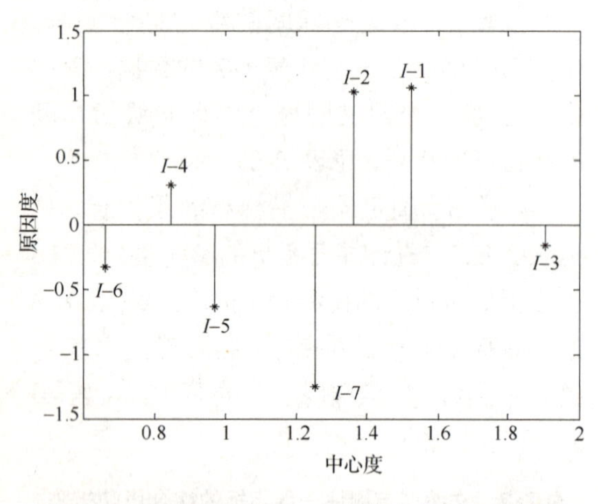

图7-12　文明城市测评一级指标的原因-结果图

精简后的一级指标中廉洁高效的政务环境(I-1)包含三个二级指标,分别为干部学习教育(II-1)、政务行为规范(II-2)和勤政廉政的满意度(II-3)。公正公平的法治环境(I-2)包含四个二级指标法制宣传教育与法律援助(II-4)、公民权益维护(II-5)、基层民主政治(II-6)和社会安定有序(II-7)。健康向上的人文环境(I-4)包含七个二级指标思想道德建设(II-10)、市民文明行为(II-11)、社会道德风尚(II-12)、国民教育(II-13)、文体活动与文体设施(II-14)、文化管理(II-15)和科学普及(II-16)。由此可见,虽然一级指标得到了精简,但是二级指标仍然较为庞大。为了进一步压缩指标体系以及分析原因因素的二级指标间的相互影响关系,下面利用DEMATEL方法对一级原因指标的二级进行分析。

2. 文明城市二级测评指标分析

与一级指标间的相互影响关系的调查对象和调查方式相同,回收有效问卷194份。但是由于问卷得到的二级指标相互影响程度得分的离散度较高,此次对每份问卷单独采用DEMATEL方法处理,分析不同问卷得到的原因指标和结果指标。其中73%问卷的分析结果得出公民权益维护、社会安定有序、思想道德建设、市民文明行为和社会道德风尚为结果指标,而其他指标为原因指标。这说明公民权益维护、社会安定有序、思想道德建设、市民文明行为和社会道德风尚受其他指标的影响,但它们不影响其他指标。因此,原因指标可以代替结果指标。

依据上述一级指标和二级指标的精简结果,得到新的文明城市测评指标体系如表7-9所示。

精简后的指标体系仅包含3个一级指标,与原指标体系相比较得到了很大的精简。精简后一级指标下面廉洁高效的政务环境(I-1)包含3个二级指标,公正公平的法治环境(I-2)包含2个二级指标,而健康向上的人文环境(I-4)包含4个二级指标。这样大大降低了文明城市指标数据收集的难度,同时也减轻了测评人员的工作量。

表 7-9　精简后的文明城市测评指标体系

项　　目	指 标 名 称
I-1 廉洁高效的政务环境	II-1 干部学习教育
	II-2 政务行为规范
	II-3 勤政廉政的满意度
I-2 公正公平的法治环境	II-4 法制宣传教育与法律援助
	II-6 基层民主政治
I-4 健康向上的人文环境	II-12 国民教育
	II-13 文体活动与文体设施
	II-14 文化管理
	II-15 科学普及

文章对有效调查问卷得到的数据运用 DEMATEL 方法进行处理后，运用算术平均方法对各调查问卷计算得出的原因度和中心度进行综合作为二级指标的原因度和中心度，见表 7-10。

表 7-10　精简后二级指标的原因度和中心度分析

指标	Ⅱ-1	Ⅱ-2	Ⅱ-3	Ⅱ-4	Ⅱ-5	Ⅱ-6	Ⅱ-7
中心度	0.95	0.69	0.79	0.71	0.00	0.60	0.71
原因度	0.44	0.27	0.06	0.40	−0.14	0.03	−0.18
指标	Ⅱ-10	Ⅱ-11	Ⅱ-12	Ⅱ-13	Ⅱ-14	Ⅱ-15	Ⅱ-16
中心度	0.65	0.34	0.46	0.87	0.23	0.32	0.37
原因度	−0.30	−0.54	−0.58	0.30	0.14	0.18	0.13

表的结果同样反映了二级指标中公民权益维护、社会安定有序、思想道德建设、市民文明行为和社会道德风尚为结果因素，而其他因素为原因因素。

思考题：

1. 简述建模在上述案例中的作用。

2. 结合案例说明 DEMATEL 方法的优缺点。

第8章　系统评价与决策

本章提要

本章主要介绍系统评价和决策理论。通过本章的学习，掌握系统评价和决策的概念、系统评价指标体系构建方法、评价指标权重确定方法以及系统决策步骤。

导入案例

企业创新投入成效的提高

创新型国家的建立以及可持续发展的实现已经成为全国人民的共同奋斗目标。2010年10月，中共中央委员会通过的《关于制订国民经济与社会发展第十二个五年规划的建议》中再次强调了建设创新型国家是国家发展战略的核心，是提高综合国力的关键。与此同时，随着技术创新的日趋活跃，新技术的不断涌现，使国家的经济结构发生了巨大的变化，主要表现为，"一是高新技术产业所占的比重日益扩大，逐渐成为一国社会经济可持续发展的推动器；二是高科技企业的快速形成和发展，成为社会经济发展的重要动力之一"。提高高科技行业的创新投入成效不仅可带动国家创新体系建设，还可降低企业资源消耗和废物排放，有助于企业和社会可持续发展的实现。

发达国家一向十分重视企业创新投入成效的研究。例如，欧盟自2000年以来就设立了欧洲创新记分板（European Innovation Scoreboard，EIS），它每年度出各种报告评估欧洲各国的创新投入、产出和成效，并将欧洲的创新投入成效和美国、日本等国的创新投入成效比较，从而给政府政策制定提供参考。日本和美国也有专门的政府网站披露企业的创新投入和成效，并且为了保证企业创新的高效率，政府已制定了较为完善的政策、法规。目前我国创新投入成效与其他发达国家相比处于相对较低的水平，例如，我国企业R&D的总人数均列世界前4名，但技术创新专项指标的国际竞争力却为世界第21位。创新投入成效低导致我国沦为世界的加工厂，而产品利润的绝大部分被发达国家以专利等形式获取。

目前，创新投入的低效已经成为制约我国企业做强、做大的关键因素。提高企业创新投入成效，而其中的核心部分就是如何按照科学发展观的要求，面向企业创新投入成效提升，制定相应的评估指标体系，以客观准确地评估企业的创新投入成效，增强企业的高效创新意识，引导企业的创新行为，使企业步入高速发展轨道。该工作的完成不仅能对企业的创新行动起到强力引导作用，同时对政府管理行为也能起到规范作用。

8.1　系统评价与决策原理

8.1.1　系统评价的概念

系统评价就是根据确定的目的，利用最优化的结果和各种资料，用技术经济的观点对比各种替代方案，考虑成本与效果之间的关系，权衡各个方案的利弊得失，选择出技术上先进、经济上合理的和现实中可行的、良好的或满意的方案。系统评价是系统工程中一个极为重要的问题，是系统决策的基础。

系统评价的前提条件是熟悉方案和确定评价指标。前者是指确切掌握评价对象的优缺点，充分估计系统各个目标、功能要求的实现程度，方案实现的条件和可能性。后者是指确定系统的评价指标，并用指标反映系统要求，常用的指标包含政策指标、技术指标、经济指标、社会指标和进度指标等。

8.1.2　系统评价的分类

按照不同的分类标准，可以将系统评价划分为不同种类。下面分别按照评价内容和评价时间对其进行分类。

1. 按照评价内容对系统评价进行分类

按照评价内容大致可以将系统评价划分为经济评价、社会评价、技术评价、财务评价、可持续性评价和综合评价等。

(1)经济评价是评价各个方案对宏观经济产生的影响，主要利用影子价格、影子工资、影子汇率和社会折现率等指标，测算方案给国民经济带来的净效益，从宏观经济角度评价方案的费用和效益。

(2)社会评价是从社会分配、社会福利、劳动就业、社会稳定等方面，评价方案实施以后带来的社会效益和产生的社会影响。

(3)技术评价是对方案在技术上的先进性、生产性、可靠性、维护性、通用性、安全性等方面作出评价。

(4)财务评价是根据现行的财税制度和市场价格，测算方案的费用和效益，评价方案在财务上的获利能力、清偿能力和外汇效果，分析方案在财务上的可行性。

(5)可持续性评价是对方案与人口增长、资源利用和环境保护等方面的协调适应作出分析，使方案实施和社会经济发展战略协调一致。

(6)综合评价是在经济、社会、技术、财务、可持续性等局部评价的基础上，根据系统的总体目标，对方案的综合价值作出评价。

2. 按照评价时间对系统评价进行分类

按照评价时间划分，可以将系统评价分为事前评价、事中评价和事后评价。

(1)事前评价是指方案的预评价，通常称为可行性研究。例如，在制定新产品开发方案时所进行的评价，目的是为了及早沟通设计、制造、供销等部门的意见，并从系统总体出发来研讨与方案有关的各种重要问题。

(2)事中评价是指在方案实施过程中，评价环境的重大变化。例如，政策变化、市场变化、竞争条件变化或评价要素估计偏差等，需要对方案作出评价，进行灵敏度分析，判断方案的满意性是否发生质的变化，以确定是继续实施方案、修改方案还是选择新的方案。

(3)事后评价是指方案实施以后，对照系统目标和决策主体要求，评价实施结果与预期效果是否相一致，测定方案设计的合理性，实施计划安排是否周全，风险分析是否与实际情况相吻合，为进一步开发新方案提供依据。

另外根据评价和决策之间的关系，可以将评价划分为决策前评价、决策中评价和决策后评价。根据评价系统中的信息特征，可以将评价划分为基于数据的评价、基于模型的评价、基于专家知识的评价和基于数据、模型和专家知识的评价。

8.1.3 系统评价的重要性和复杂性

在系统的设计、开发和实施过程中，经常要进行系统决策，系统决策是指通过系统评价技术从众多的替代方案中找出最优的方案。然而，要决定哪一个方案最优却并不容易。尤其对于复杂大系统来说，“最优”这个词含义并不十分明确，而且评价是否“最优”的标准(尺度)也是随着时间而变化和发展的。可见，系统评价确实有其复杂性和重要性。

1. 系统评价的重要性

系统评价是系统分析中的一个重要环节，是系统决策的基础，没有正确的评价也就不可能有正确的决策，这样会影响整个系统将来的损益。具体来说，其重要性体现在以下几个方面。

(1)系统评价是系统决策的基础，是方案实施的前提。

(2)系统评价是决策人员进行理性决策的依据。以系统目标为依据，从多个角度对多个方案的理性评估，选择出最优方案实施。

(3)系统评价是决策者和方案执行者之间相互沟通的关键。决策者为了使执行人员信服并积极完成任务，可以通过评价活动促进执行人员对方案的理解。

(4)系统评价有利于事先发现问题，并对问题加以解决。在系统评价过程中可进一步发现问题，有利于进一步改进系统。

2. 系统评价的复杂性

系统评价固然重要，但它同时也是一件很复杂的事情。其复杂性主要表现在以下几个方面。

(1)系统评价的多目标性。当系统为单目标时，其评价工作是容易进行的。但是实际系统中的问题要复杂得多，系统评价的目标往往不止一个，而且各个方案往往各有所长、各有千秋。在某些指标上，方案甲比乙优越，而在另一些指标上，方案乙又比甲优越，这时就很难定夺。指标越多，方案越多，问题就越复杂。

(2)系统的评价指标体系中不仅有定量的指标而且还有定性的指标。对于定量指标，通常比较标准，能容易地得出其优劣的顺序。但对于定性的指标，由于没有明确的数量表示，往往凭人的主观感觉和经验进行评价。例如，评价一辆汽车的方便性、舒适性这些指标。传统的评价往往偏重于单一的定量指标，而忽视定性的、难以量化的但对系统是至关重要指标。

(3)人的价值观在评价中往往会起到重大影响。评价活动是由人来进行的，评价指标体系和方案是由人确定的，在许多情况下，评价对象对于某些指标的实现程度(指标值)也是人为确定的，因此人的价值观在评价中起很大作用。由于在大多数情况下各人有各人的观点、立场和标准，因此需要有一个共同的尺度来把个人的价值观统一起来，这是评价工作的一项重要任务。

8.1.4 系统评价的原则

基于系统评价的重要性和复杂性，为了更好地做好系统评价，有些基本原则必须遵守。

1. 评价的客观性

评价的目的是为了决策。因此评价的好坏直接影响到决策的正确与否。评价必须客观地反映实际，为此需注意以下几点：

(1)保证评价资料的全面性和可靠性；

(2)防止评价人员的倾向性；

(3)评价人员的组成要有代表性、全面性；

(4)保证评价人员能自由发表观点；

(5)保证专家人数在评价人员中占有一定比例。

2. 要保证方案的可比性

替代方案在保证实现系统的基本功能上要有可比性和一致性。评价时绝不能以点盖面、“一俊遮百丑”。个别功能的突出只能说明其相关方面，不能代替其他方面的得分。可比性的另一方面是指对于某个标准，我们必须能够对方案作出比较，不能比较的方案当然谈不上评价，但实际上有很多问题是不能作出比较或者不容易作出比较的，对这点必须有所认识。

3. 指标构成系统

评价指标自身应为一个系统，具有系统的一切特征。另外评价指标必须反映系统目标，因此，它应包括系统目标所涉及的一切方面。由于系统目标是多元、多层次和多时序的，评价指标往往也具有多元、多层次和多时序的特点。但这些指标并不是杂乱无章的，而是一个有机的整体。制定评价指标必须注意它的系统性，即使对定性问题也应有恰当的评价指标或者规范化的描述，以保证评价不出现片面性。

还有，评价指标必须与所在地区和国家的方针、政策、法令的要求相一致，不允许有相悖和疏漏之处。在实际应用中关于评价的原则问题，视具体问题不同应有侧重之处。

8.1.5 系统评价的程序

系统评价是一项复杂的系统工程，为了保证整个过程高效、有效地进行，往往遵循以下步骤(如图 8-1 所示)。

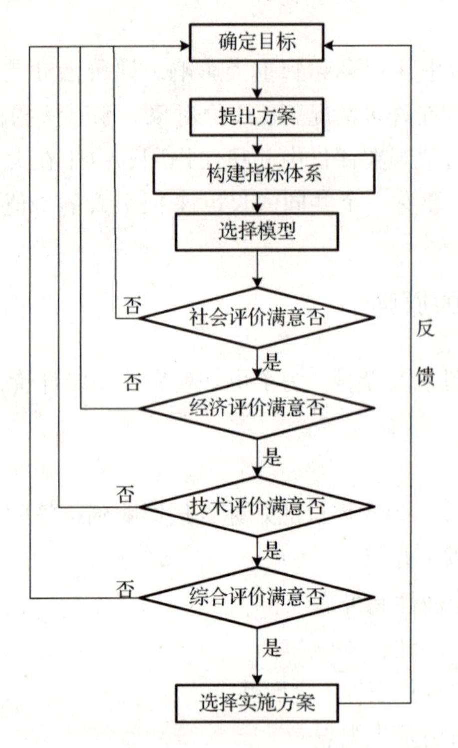

图 8-1　系统评价的程序

1. 确定评价目标

确定评价目标是为了更好地决策，目标是评价的依据，对于评价过程至关重要。大致可从四个方面设置评价目标：①使评价系统达到最优；②对决策的支持；③对决定行为的说明；④问题的分析。通常评价目标按照构成层次可分为总体目标、分层目标和具体目标，这样就构成了目标层次体系。

2. 提出评价方案

根据系统目标，在分析各种信息的基础上，提出评价方案并对各评价方案做出简要说明，使方案的优缺点清晰明了，便于评价人员掌握。

3. 确定评价指标体系

评价指标体系是根据系统目标的层次、结构、特点、类型来设置的，评价指标体系设置要注意全面和重点结合，绝对量指标和相对量指标结合，定量指标和定性指标结合。具体选择应注意以下几点：①评价指标必须与评价目的和目标密切相关；②评价指标应当构成一个完整的体系，即全面地反映所需评价对象的各个方面；③评价指标总数应当尽可能地少，以降低评价负担；④确定评价指标时，要注意指标数据的可得性。

4. 选择评价模型

模型是系统评价的工具。评价模型本身是多属性、多目标的。不同问题使用的评价模型可能不同，同一个评价问题也可以使用不同的评价模型，因此，对选用什么样的评价模型本身也必须做出评价。一般应选用能更好地达到评价目的的评价模型或其他适应的评价模型。

8.2 系统评价指标体系的构建

8.2.1 评价指标体系的确定

评价指标体系的建立是一项复杂的工作：不同的系统有不同的评价指标；同一系统在不同的环境下其指标也有所不同。一般从经济、社会、技术、资源、风险、政策、时间等方面来建立评价指标。

(1)经济性指标：包括方案成本、产值、利润、投资额、税金、流动资金占用额、投资回收期、建设周期、地方性的间接收益等。

(2)社会性指标：包括社会福利、社会节约、综合发展、就业机会、社会安定、生态环境、污染治理等。

(3)技术性指标：包括产品的性能、寿命、可靠性、安全性、工艺水平、设备水平、技术引进等，工程的地质条件、设施、设备、建筑物、运输等技术指标要求。

(4)资源性指标：包括项目所涉及的物资、水源、能源、信息、土地、森林等。

(5)政策性指标：包括政府的方针、政策、法令、法律约束、发展规划等方面的要求。这项指标对国防和关系国计民生方面的重大项目或大型系统尤为重要。

(6)时间性指标，如工程进度、时间节点、周期等。

(7)其他指标：主要是指针对具体项目的某些指标。

8.2.2 构建评价指标体系遵循的原则

评价指标是作为一种尺度来考核各备选方案的，并且要依据考核的结果来作为系统优选和决策的依据，因此确定指标体系应遵从一些普遍性的基本原则。

(1)整体性原则：指标体系是从总体上反映各个方案的效果，所以要构建层次清楚、结构合理、相互关联、协调一致的指标体系，以保证对方案评价的全面性和可信度。

(2)科学性原则：以科学理论为指导，按照统一标准将指标进行层次和类别划分，使得整体指标体系能将定性指标和定量指标相结合，正确反映系统整体和内部各要素之间的相互联系。

(3)可比性原则：指标体系的建立是为了系统评价，所以建立指标的时候要考察各个指标之间的可比性。

（4）实用性原则：建立的指标体系是为了进行方案评价，所以指标的含义必须明确，还要考虑数据资料的可得性，另外指标设计必须符合国家和地方的方针、政策、法规、口径和计算要与通用的会计、统计、业务核算协调一致。

8.2.3 建立系统评价指标体系的方法

用于建立系统评价指标体系的方法有很多，这里着重介绍目标分析法、输出分析法和德尔菲法。

1. 目标分析法

目标分析法首先要确定系统目标，然后从系统的目标入手，通过对目标进行分解来建立系统综合评价指标体系。其具体步骤如下：

（1）建立系统目标；

（2）将系统目标不断进行分解，直到认为各子目标能够用定量或定性的指标衡量为止；

（3）根据分解得到的目标体系，建立评价指标体系。

例如，某企业由于生产规模的扩大，考虑新建一个厂部，用于生产加工。厂址选择是一个多目标决策的问题。这些目标包括技术、经济、环境、与国家政策一致性等几个方面。这些目标很难直接由一个或几个指标来衡量。所以，应进一步分解成更加具体的子目标，直到可用于处理的一个或几个评价指标来衡量这些子目标为止，如图 8-2 所示。

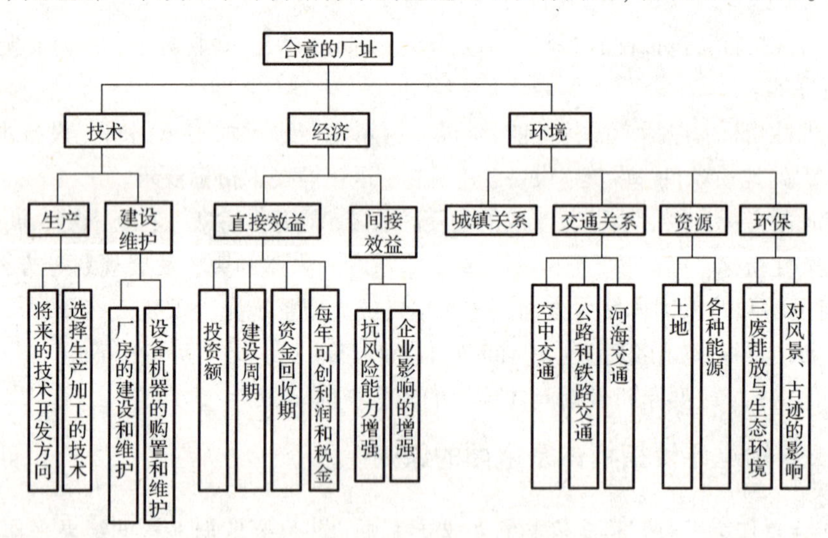

图 8-2 新厂址选择目标体系结构图

2. 输出分析法

输出分析法适用于在对系统的内容、结构不了解或不需要更多了解的情况下来建立系统的评价指标。它主要根据系统的输出特性，从技术、经济、社会、生态环境、风险等方面来建立系统综合评价指标体系的方法。例如，用输出分析法建立一个企业信息系统的评价指标体系：经济方面可以用利润、成本、资本流动率等指标衡量；技术方面可以用集成实现能力等指标来衡量；社会方面可以用企业形象等指标来反映；生态环境方面可以用环境污染等指标来反映。这些指标的综合，就能反映出企业的总体状况。

3. 德尔菲法

德尔菲法是通过反复征求专家意见，建立系统评价指标体系的一种方法。这种方法有广泛的代表性，而且简单易行。方法的步骤是：(1)组成专家小组；(2)向所有专家提出问题及有关要求，并附上有关问题的所有背景材料；(3)各个专家根据他们所收到的材料，提出自己的意见；(4)将各位专家第一次判断意见汇总，列成图表，进行对比，再分发给各位专家，让专家比较自己同他人的不同意见，修改自己的意见和判断；(5)将所有专家的修改意见收集起来、汇总，再次分发给各位专家，以便做第二次修改；(6)对专家的意见进行综合处理。

8.3 指标的权重

在整个评价指标体系中，确定各评价指标的权重，就是要确定各评价对象在总体评价中的重要程度，并且要对这种重要程度做出量化描述。我们把各评价指标在实现系统目标和功能上的重要程度定义为权重。权重确定得是否合理，往往直接关系到评价的质量，影响到最终决策。指标权重的确定需要遵循以下一些规则。

(1)权数的取值范围应尽量方便于综合评价值的计算。权数总值一般取 1，10，100 或 1000 等。当评价指标数值接近时，权重取值范围应适当大些，以拉开各个方案之间的差距，另外还要和指标评价值配合，二者不能相差太大，否则会削弱指标价值的重要性。

(2)指标的权数分配应反复听取各种意见并要灵活处理，避免为了取得一致意见而轻率地做出决定。为此可采取德尔菲法广泛征求意见，使权数分配尽量达到合理。

(3)权数的分配方式，应采取从粗到细的给值方式。先粗略地把权数分配到指标大类，然后再把大类所得的权数细分到各个指标。保持大类指标权数的比例就从整体上保证了评价指标的协调和评价的合理。

8.3.1 主观赋权方法

主观赋权也称专家赋权法，即通过一定方法综合各位专家对各指标给权重进行的赋权，或者由专家直接给出指标权重。主观赋权法主要有相对比较法、连环比率法、判断矩阵法等。

1. 相对比较法

相对比较法是一种经验评分法。它将所有指标列出来，组成一个 $N \times N$ 的方阵；然后对各指标两两比较并打分；最后对各指标的得分求和，并做规范化处理。需要注意的是方阵的对角上的元素可以不填写，也不参加运算；打分时可采用 0－1 打分法；方阵中元素可以按照下面的规则进行确定，并满足 $a_{ij} + a_{ji} = 1$。

表 8-1　技术性指标的权数的再次分配

指标大类		权数 W_i
技术性指标	运行安全性	80
	乘客坐席数	50
	货物装载量	50
	最大航速	30
	全天候性	30
	飞行特性	10
合计		250

$$a_{ij}=\begin{cases}1, & \text{当指标 } i \text{ 比指标 } j \text{ 重要时}\\ 0.5, & \text{当指标 } i \text{ 和指标 } j \text{ 同样重要时}\\ 0, & \text{当指标 } i \text{ 没有指标 } j \text{ 重要时}\end{cases}$$

由方阵可以按照下面公式计算出指标 i 的权重系数：

$$w_i=\frac{\sum_{j=1}^{n}a_{ij}}{\sum_{i=1}^{n}\sum_{j=1}^{n}a_{ij}},\ (i,j=1,2,\cdots,n)$$

下面举例来说明相对比较法的使用。为了改善某工地的生产安全条件，现在对拟订的方案建立评价指标：减少死亡人数、减少负伤人数、减少经济损失、改善环境、预期实施费用。用相对比较法得到的方阵如表 8-2 所示。

表 8-2　各个指标相互比较的结果

指标 / 收益 / 指标	f_1	f_2	f_3	f_4	f_5	得分合计	权重 W_i
减少死亡人数 f_1		1	1	1	1	4	0.4
减少负伤人数 f_2	0		1	1	1	3	0.3
减少经济损失 f_3	0	0		1	0	1	0.1
改善环境 f_4	0	0	0		0	0	0.0
预期实施费用 f_5	0	0	1	1		2	0.2
						10	1.0

可见，用相对比较法确定指标权重比较简单，但在实际使用中需要注意以下几点。

(1)各指标间相对重要程度要有可比性：指标体系中任意两个指标均能通过主观判断来确定彼此重要性的差异。

(2)应满足指标比较的传递性：若 f_1 比 f_2 重要，f_2 比 f_3 重要，则 f_1 比 f_3 重要。由于人的主观性，打分时可能不一定总是满足传递性。为了谨慎起见，可以请多个专家同时进行独立打分，然后求其平均。

2. 连环比率法

连环比率法以任意顺序排列指标，按此顺序从前到后，相邻两指标相对比较其重要性，依次赋以比率值。并赋以最后一个指标得分值为1，从后到前，按比率值依次求出各指标的修正评分值。最后归一化处理得到各指标的权重。方法的具体步骤如下。

（1）以任意顺序排列 n 个指标，不妨设为 $f_1, f_2, \cdots, f_n$。

（2）填写暂定分数列（R_i 栏）。从评价指标的上方依次以邻近的底下那个指标为基准，在数量上进行重要性的判定。例如 $R_i=3$ 表示 f_1 的重要程度是 f_{i+1} 的3倍；$R_i=1$ 表示 f_1 和 f_{i+1} 同样重要；$R_i=1/2$ 表示 f_1 只有 f_{i+1} 的一半重要。表8-3中反映死亡者的减少的价值是负伤者减少的3倍，而负伤者减少的价值是经济损失的3倍等。

（3）填写修正分数列（K_i 栏）。把最下行的实施费用指标设为1，按从下而上的顺序计算 k_i 的值，$k_i = r_i k_{i+1}$，$(i = 1, 2, ..., n-1)$。

（4）对所有修正分数求和并计算得分系数 W_i，$w_i = \dfrac{k_i}{\sum_{i=1}^{n} k_i}$，$(i = 1, 2, ..., n)$。

表8-3给出了用连环比率法计算权重的例子。

表8-3 用连环比率法确定权重

评价指标	暂定分数 r_i	修正分数 k_i	权重分数 w_i
死亡人数的减少	3	9.0	0.62
负伤人数的减少	3	3.0	0.21
经济损失的减少	2	1.0	0.07
环境的改善	0.5	0.5	0.03
实施费用	—	1.0	0.07
小计	—	14.5	1.00

和相对比较法一样，连环比率法也是一种主观赋权方法。当评价指标的重要性可以在数量上做出判断时，该方法优于相对比较法。但由于赋权结果依赖于相邻的比率值，比率值的主观判断误差，会在逐步计算过程中进行误差传递。

3. 判断矩阵法

从本质上讲，判断矩阵法是对相对比较法的一种改进，但由于它改变了相对重要性的赋值只取0和1两值的过于简单化的做法，而采用了一种更精确的计分方法，并可对人在判断时的一致性进行检验，因而近几年更为人们所广泛采用。用该方法计算权重的步骤有如下几步。

（1）将 M 个评价指标排成一个 $M \times M$ 的方阵。

（2）通过指标两两相比来确定矩阵中元素值的大小：极端重要、强烈重要、明显重要、稍微重要、同样重要分别赋予11、9、7、5、3、1。反之赋予1/11、1/9、1/5、1/3和1。

（4）将矩阵中元素按行相加（或相乘）并进行正规化，所求的特征向量就是 W_i 值。

表8-4给出了用判断矩阵法计算权重的例子。

4. 德尔菲法

德尔菲法又称专家调查法，调查者首先将调查内容制成表格，然后根据调查内容选择权威人士作为调查对象，请他们发表意见并把打分填入调查表，最后由调查者汇总，求得

各指标的权重值 W_i。德尔菲法的具体步骤如下。

(1)调查者将调查内容制定成表格。

(2)根据调查内容选择权威人士对调查表格中的各项指标进行打分如表8-5所示。

(3)分析各专家对各指标重要程度的打分，用统计方法处理这些得分。把处理的结果再寄回给各专家供他们参考并提出意见，并请他们重新打分，再做统计处理。经过多次循环，可使专家们的意见取得相对一致。

(4)对各专家的意见进行综合，对调查表做统计处理，计算出综合各专家意见以后各指标的权重值如表8-6所示。

表8-4 用判断矩阵法计算权重

指标 \ 指标	f_1	f_2	f_3	f_4	f_5	得分合计	权重 W_i
减少死亡人数 f_1	1	5	7	9	7	29.000	0.454
减少负伤人数 f_2	1/5	1	4	7	4	16.200	0.253
减少经济损失 f_3	1/7	1/4	1	6	3	10.393	0.163
改善环境 f_4	1/9	1/7	1/6	1	1/5	1.621	0.025
实施费用 f_5	1/7	1/4	1/3	5	1	63.940	1.000

表8-5 专家1对各项指标的打分结果

评分值 \ 指标 \ 指标	f_1	f_2	f_3	f_4	f_5	合计	权重 W_1
f_1		1	1	1	3	0.500	
f_2	0		1	0	1	0.166	
f_3	0	0		1	1	0.166	
f_4	0	1	0		1	0.166	
合计					6	1.000	

表8-6 综合各专家打分结果以后得到的指标的权重值

评分值 \ 指标 \ 指标	f_1	f_2	f_3	f_4	f_5	合计
专家1	0.500	0.166	0.166	0.166	1.000	
专家2	0.400	0.200	0.200	0.200	1.000	
…						
专家 k	0.450	0.150	0.200	0.200	1.000	
…						
专家 n	0.390	0.210	0.250	0.150	1.000	
合计	1.740	0.726	0.816	0.716		
权重	0.435	0.182	0.204	0.179		

通过对德尔菲法计算权重步骤的描述，用德尔菲法进行权重计算的关键有两点。

(1)事先选好专家，并确定足够数量的专家，同时要求专家之间独立发表意见、不互相影响。

(2)调查表格的设计，最好采用简单的打分比较法，凭专家的感觉和经验评分。

另外该方法建立在大多数专家意见的基础上，因此在其他方法不宜采用的情况下用此法是比较科学的。当然采用这种方法需要的时间比较长，工作量也比较大。

8.3.2 客观赋权方法

与主观赋权法相对应的为客观赋权法。客观赋权法根据指标原始数据之间的关系，通过一定的数学方法来确定权重，其判断结果不依赖于人的主观判断，有较强的数学理论依据。

常用的客观赋权法通常包括主成分分析法、离差及均方差法、多目标规划法等。由于客观赋权法要依赖于足够的样本数据和实际的问题域，通用性和交互性差，计算方法也比较复杂。

此外，将主观赋权法和客观赋权法相结合，形成主客观赋权法，能很好地规避两类方法的缺点已经成为该研究领域的热点之一。

8.4 决策分析

8.4.1 决策的定义和要素

1. 决策的定义

决策是指在一定的环境下，结合系统的当前状态和将来的发展趋势，依据系统的发展目标在可选策略中选取一个最优策略并付诸实施的过程。整个决策过程可以简化为对目标的选择过程和对方案的选择过程：前者要求对目标的选择要明确、具体、恰当和可验证；后者以前者为依据。人们习惯上把只有一个方案可供选择、没有其他选择余地的选择称为“霍布森选择”，若只有一种被选方案，决策就失去了意义。

前面所介绍的系统结构理论、系统控制和系统建模均可以为系统决策服务：在进行系统决策之前要分析系统结构、建立系统决策模型，在系统决策执行过程中要运用系统控制理论，保证系统按照预期的目标运作。

2. 决策的构成要素

决策一般包含以下几个构成要素：决策主体、决策目标、决策方案和决策结果。

(1)决策主体：可能是个人或组织，一般由组织的领导者担任。其任务是对各决策方案进行评价并进行选择。

(2)决策方案：进行系统决策时，至少有两个或者两个以上的决策方案可供选择。方案的制定包含对系统属性的描述和系统目标的确定。

(3)决策目标；进行系统决策的目的就是为了达到系统目标，决策后的效果评价以决策目标为依据。

(4)结果：无论决策主体选择什么样的决策方案最后都会产生决策结果，通过对决策结果的分析来评价系统决策的成败。

8.4.2 决策的原则和分类

1. 决策的原则

决策者在进行决策时通常要遵循以下三条原则。

(1)可行性原则：决策是为了达到目标而采取的一系列行动方案，所以决策是达到目标的手段。为了能达到预期的目标，决策中所提供的方案在技术上和资源上必须是可行的。这样的方案才有价值和意义。

(2)经济性原则：决策就是为了能够得到最大利益，所以方案之间进行比较的时候必须有很强的经济指标作为参考。

(3)信息性原则：信息的采集和利用贯穿着决策的整个过程，决策之前利用系统内外部信息辅助决策，决策过程中利用各种信息进行定性和定量分析，决策以后将结果作为信息提供给组织。

(4)系统性原则：决策的整个过程是一个系统的过程，不仅要考虑决策对象，还要考虑其环境，只有将其作为一个系统来进行考虑才能保证决策的顺利开展和实施。

2. 决策的分类

按照不同的分类标准，可以对系统决策进行不同的分类。

(1)按照决策目标的影响程度，可以将决策划分为战略决策、战术决策和作业决策三个等级。战略决策是对组织进行长远发展规划和战略方面的决策，如新产品的开发方向，该类决策对组织未来的发展影响最大；战术决策是战略决策的阶段性决策，为战略决策服务，如企业中工艺方案的选择；作业决策是对具体行动方案的选择，如日常的生产线的决策、作业调度。

(2)按照系统决策的结构化程度，可以将决策划分为结构化决策、半结构化决策和非结构化决策。结构化决策是例行常规、可重复进行的决策，有规律可循的决策，可预先做出有序的安排而达到预期的结果或目标，可按程序化步骤和常规性的方法处理，如最优库存模型的确定等；非结构化决策是指偶发的、非常规的，或其决策过程过于复杂以至于毫无规律可循，这类决策一般无法照章行事，如国家政策的颁布等；半结构化决策介于结构化决策和非结构化决策之间，如房地产价格的确定等。

(3)按照决策进行的过程，可以将系统决策划分为经验决策和科学决策：经验决策是指决策者根据历史经验、自身知识对系统进行主观判断；科学决策不同于经验决策，它是建立在对系统科学分析的基础上，运用科学的思维，采用科学的技术而做出有科学依据的决策过程。

(4)按照决策的可控程度划分，可以将决策划分为确定型决策、风险型决策和非确定型决策。确定型决策指决策环境是已知的、确定的，决策过程的结果完全由决策者所采取的行动决定。确定型决策问题可采用最优化、动态规划等方法解决。风险型决策的决策环境不确定，决策者的各种可选方案在不同自然状态下的结果不同。按照人们对自然状态信息的掌握程度将风险型决策进一步划分为无概率风险型决策、无试验风险型决策和有试验风险型决策。无概率风险型决策不知道自然状态的任何信息，只能凭着决策者对待风险的态度进行方案选择；无试验风险型和有试验风险型决策均知道各种自然状态发生的概率，二者的区别在于前者的概率信息是根据历史数据等资料得到的并没有通过试验进行修正，而后者的概率是经过试验进行修正的，所以更接近于现实的概率分布。

此外，按照决策的连续性可将决策划分为单项决策和连续决策；按照决策人数可将决策划分为个人决策和群体决策；按照决策要达到的目标个数可将决策划分为单目标决策和多目标决策等。

8.4.3 决策的一般步骤

科学决策的一般步骤为：①发现需要解决的问题；②问题确认；③建立解决问题的议程；④确定问题目标；⑤搜索相关信息；⑥分析影响问题的各种因素；⑦拟定备选方案；⑧构建系统决策模型；⑨对各个方案的结果进行预测，选择最优方案；⑩评价和分析决策结果。

8.4.4 决策模型和方法

1. 决策模型的定义

模型是为了研究方便，对所研究对象的结构和行为进行模仿和抽象而建立的对象仿制品。模型通常只是由对象的主要构成要素组成，反映这些要素之间以及对象和环境之间的联系，利用模型可以帮助我们形象地了解系统结构，分析系统行为，预测系统状态。决策模型是对系统决策行为的抽象和类比，反映决策的输入、输出和运作机理，利用它可以辅助系统决策。

决策模型的目的是辅助系统进行决策，建立系统决策模型的步骤如下。

(1) 分析系统的内部构成要素、外部环境、系统目标、制约因素。

(2) 建立系统的概念模型：决策问题的系统模型是对决策问题的初步抽象和概括。

(3) 建立决策的过程模型：构造系统决策所依据的过程，指导决策活动的进行。

(4) 建立决策的数学模型：该模型用各种数学方程反映系统中各个要素之间的关系。选用相应的决策方法求解模型得到决策的最优方案。这个过程是任何科学决策必不可少的。

2. 系统决策模型和方法

针对不同类型的决策，以及决策的不同时期，可以选用不同的决策模型和方法。

(1) 主观决策模型和方法。主观决策模型和方法的实质是决策者根据主观经验进行决策，常用的方法有因素成对比较法(PA)、直接给出权值法(DR)、德尔菲法、头脑风暴法、名义小组法和层次分析法(AHP)等。

德尔菲法：它以匿名方式反复函询征求专家们的意见，对每一轮专家的意见进行统计处理，经过多次反馈，使专家们分散的评估意见逐步收敛，最后集中在比较协调一致的评估结果上，从而得出可信度较高的结论。

头脑风暴法：将解决某一问题有兴趣的人集合在一起，在完全不受约束的条件下，敞开思路，畅所欲言。这种方法的原则是：①独立思考，开阔思路，不重复别人的意见；②意见建议越多越好，不受限制；③对别人的意见不做任何评价；④可以补充和完善已有的意见。

(2)定量决策模型和方法。对于确定性决策，其决策模型和方法主要有线性规划方法、盈亏平衡分析法、信息熵方法、神经网络方法、模糊建模、灰色系统理论方法、最大方差法、主成分分析法等。其中线性规划方法主要用于解决资源一定的条件下，力求完成更多的任务，取得最好经济效益的问题；或者是利用最少的资源来完成任务。盈亏平衡分析法是研究决策方案的销量，生产成本与利润之间的函数关系的一种数量分析方法。盈亏平衡点表示方法：① 盈亏平衡点产量：$Q_0 = \frac{F}{P - V}$；②盈亏平衡点销售收入：$S_0 = PQ_0 = \frac{F}{1 - VP}$。

$$\begin{cases} S = PQ \\ C = F + VQ \end{cases}$$

S——收入，P——单价，Q——产量，C——成本，F——固定成本，V——变动成本

对于有概率信息的风险型决策，其决策模型和方法主要有期望值决策法和决策树法，该部分内容在下面一节中有详细介绍。

对于无概率信息的风险型决策而言，由于无概率可依，不能运用概率统计方法，只能从乐观原则、悲观原则、等可能性原则和最小后悔原则等原则中视情况择其一作为决策依据。乐观准则也称为大中取大法，找出每个方案在各种自然状态下的最大损益值，取其中大者，所对应的方案即为最优方案；悲观准则也称为小中取大法，找出每个方案在各种自然状态下最小损益值，取其中大者所对应的方案即为合理方案；后悔值准则是计算各方案在各种自然状态下的后悔值并列出后悔值表，找出每一方案在各种自然状态下后悔值的最大值，取其中最小值，其所对应的方案为合理方案。

8.5 案例分析

高科技行业技术创新投入成效评价研究

目前，创新投入的低效已经成为制约我国企业做强、做大的关键因素。提高企业创新投入成效，而其中的核心部分就是如何按照科学发展观的要求，面向企业创新投入成效提升，制定相应的评估指标体系，以客观准确地评估企业的创新投入成效，增强企业的高效创新意识，引导企业的创新行为，使企业步入高速发展轨道。

将结合现有的企业创新评价指标体系，试图构建较为完善的高技术企业创新投入成效评估指标体系，提供运用上述指标体系对高技术企业创新投入成效进行综合评估的定量方

法和数量化标准，结合部分企业进行评估的试点工作。能对企业的创新行动起到强力引导作用，对政府管理行为起到规范作用。

8.5.1 企业创新投入成效概述

企业创新投入成效测评指标应包含两部分的指标：一部分指标为企业的创新投入，另一部分为企业创新成效指标。

1. 企业创新投入

不同的企业有不同的经营目标，也在开展着不同的创新活动，也会根据自身实际情况而对创新活动有不同的投入，但投入的资源也不外乎以下三类。①设备。这里的设备主要指参与创新相关的先进的实验设备和检测仪器，设备是创新投入中一项重要的基础性投入。②人力。人力投入是任何企业创新活动必需的投入，特别是高学历和高素质的研究型人才。③资金。资金是创新活动所必需的投入。购买先进设备、引进高素质的人才以及购买某些专利技术等都需要足够的资金支持。

依据是否具有能动性可以把创新投入分为人力投入和财力投入。财力投入包括设备、物资等可以用货币衡量的除人力资源之外的物质性投入。财力投入根据投入的阶段不同可以分为 R&D 投入和非 R&D 投入。其中 R&D 投入是整个创新过程的核心投入部分，决定着技术成效的产生。非 R&D 投入是指在对研发的成果运用于生产过程中的投入，比如新的生产工艺的运用、流程的改造升级等。“R&D 投入只是表明了企业对技术创新一个阶段的投入，并不代表所有的创新投入，很多企业 R&D 投入只占创新总费用的一小部分，创新实现更多的是依靠非 R&D 的投入”。

人力投入是企业进行创新活动的主体。整个创新活动有很多人参与到这个过程中，但对整个创新活动有着重要影响的人群主要是研发人员，可以说“企业的自主创新与科研人员的数量和素质有着直接关系”。虽然有非研发人员也能设计出一些新型产品或者进行技术改进，但这只是暂时性的，只有专业的研发人员才能进行持久、高效、科学的研发活动，并使企业的创新活动不断地进行下去。

2. 企业创新成效

创新成效可以根据其表现形式的不同分为技术成效、经济成效和社会效益。

(1) 技术成效。技术上的成效又可以分为直接技术成效和技术积累成效。其中直接技术成效主要包括三个方面。①全新产品，指应用新原理、新技术、新材料，具有新结构、新功能的产品。该产品在全世界首先开发，能开创全新的市场。②重大产品改进，指在原有老产品的基础上进行改进，使产品在结构、功能、品质、花色、款式及包装上具有新的特点和新的突破。改进后的新产品，其结构更加合理，功能更加齐全，品质更加优质。③制定标准。主要是指企业主持或者参与制定的国际、国家级、省部级行业标准。

技术积累成效为在创新过程中产生的不能直接转化为具有盈利能力的产品但对以后创新活动提供技术支持的成果。例如，形成专利、专有技术、科技论文或者技术文档等。

(2)经济成效。企业创新的成效最终会体现企业即期效益和竞争力，即期效益最终会体现在生产成本降低(通过创新，使生产工艺的改进、流程的优化、资源利用率和生产效率的提高最终使产品总的生产成本得到降低)、销售收入增加(企业的全新产品和改进的产品更能满足消费者的需求，在市场上也更具有竞争力，使产品占有较大市场份额，实现销售收入的增加)和利润。

(3)社会效益。正如我国科协名誉主席周光召所言，创新所带来的不仅仅是经济效益，应扩大到较为全面的社会效益。社会效益不仅涉及资源节约、环境保护、可持续发展实现、全民生活水平的提高、就业机会的增加以及地区差距的减少，而且还应符合社会的伦理和道德标准。社会效益不同于经济效益，它的体现通常需要一定的时间，而且大都很难用定量指标进行描述。

社会效益是企业创新的技术成效的外溢，技术创新可以使单位产值的能耗量和排污量降低，资源利用水平得到提高，从而在能源节约和环境保护上。

上述的企业创新投入和创新成效之间并不是完全独立的，它们之间的关系如图8-3。

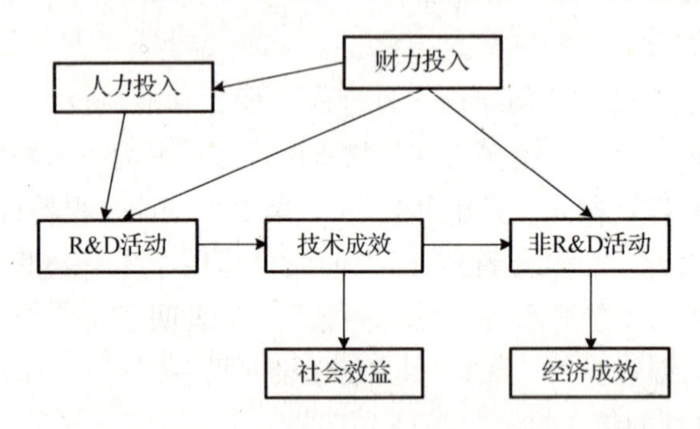

图8-3　创新投入成效作用机理

8.5.2　企业创新投入成效的测评指标体系

由于创新活动的复杂性以及创新成效的多样性，为保证建立的评价指标能科学完整地反映企业创新成效的实际情况，在建立指标时应遵循以下原则。

① 系统性。系统性是指评价指标体系应该将企业创新投入—产出过程视为一个整体，运用系统的理论和方法来分析企业创新过程时主要环节和主要结果，并以衡量这些环节和结果的有关因素作为评价企业创新投入和成效的指标。

② 科学性。指标体系的科学性是确保评价结果的准确基础，评价活动是否科学依赖于评价指标是否科学。因此在设计投入成效指标时要考虑创新元素和指标整体结构的合理性，客观真实地反映企业创新活动的目标。

③ 可操作性。在设计指标时，要注意其在现实中的可操作性，即要求与指标相关的资料易于获取，指标要求的数据便于进行较为准确的计算。

④ 完整性。设计的指标要能充分包含与企业创新投入和成效有关的各个要素，力求评价结果能全面地反映企业的创新活动的实际情况。同时，在追求全面时还应抓住最能反映投入和成效的主要因素，使指标体系是一个完整而精练的体系。

在结合理论分析和前人的研究成果的基础之上，以及国内企业的实际情况，遵照4个基本原则，确立了2个一级指标、4个二级指标和7个三级指标，如表8-7所示。

表8-7 企业创新投入成效评估指标体系

一级指标	二级指标	三级指标
创新投入	财力投入	科技经费投入强度
	人力投入	科技人员比例
		科学家和工程师比例
创新成效	经济成效	新产品销售份额
		利润率
	技术成效	专利申请数
		新产品数

为了实现对企业创新成效的定量测度，下面分析各指标值的获取。

1. 投入指标

创新是一个多阶段的过程，每阶段都有各种不同的资源投入，包括人员、设备，以及各种物资，但考虑到可操作性、量化计算以及对比的方便，本文在评价时把各种物资性资源统一换算为资金，在投入指标中都用"财力指标"表示。所以企业创新的投入指标包括两部分，财力投入和人力投入。

(1)财力投入。科技经费投入强度=(科技活动内部支出/销售收入)×100%，"科技活动内部支出是指对技术研发、产品开发以及为科研活动提供服务的投入，包括科研人员的劳务费、科研业务费、科研管理费、购买的相关科研设备和实验仪器的支出以及科研基建支出"。该指标用X_1表示。

(2)人力投入。

① 科技人员比例=(科技人员数/企业员工总人数)×100%，它是一个相对指标，反映研发人员在企业员工中所占的比重，用来反映行业对科技创新活动的人力投入强度。该指标用X_2表示。

② 科学家和工程师比例。"科学家和工程师是指科技活动人员中具有高、中级技术职称(职务)的人员和不具备高、中级技术职称(职务)的大学本科及以上学历人员"。该比例是指R&D人员中科学家与工程师所占比例，该指标用来反映科技活动人力投入的素质水平。

科学家和工程师比例=(科学家和工程师人数/科技人员数)×100%。该指标用X_3表示。

2. 成效指标

(1)经济成效。

① 新产品销售份额=(新产品销售收入/销售总收入)×100%，通过新产品销售收入在销售总收入中份额的大小来反映创新活动对企业收入的贡献情况。该指标用Y_1表示。

② 利润率=(利润/销售收入)×100%，该指标通过企业整体盈利情况来反映创新活动的成效。用该指标Y_2表示。

(2)技术成效。

① 专利申请数。“由于专利授权数受到行政效率等人为因素影响较大，专利申请数比专利授权数更适合用于评价创新的水平”，所以该指标数据上引用发明专利申请数。该指标用 Y_3 表示。

② 新成品数，包括全新产品的数量和对原有产品在结构、规格、标准、外观、材料等方面的重大改进以及工装设备、生产工艺方面创新改进的产品数量。它反映企业开发新产品的情况。该指标用 Y_4 表示。

8.5.3 高科技企业创新投入成效测评

1. 数据选取

结合研发投入强度，参照世界经合组织的划分方法，我国划分出与世界经合组织相类似的五大行业，并根据行业特征，在五大行业基础上具体细分了 16 个类小行业为高科技行业。

本文的研究范围是中国高技术行业，根据经营业务的不同，可以把中国高科技行业分为五个大类，五个大类可以进一步细分为 16 个小类。这 16 个小类为 DEA 分析的决策单元，如表 8-8 所示。

表 8-8 决策单元与高科技行业名称

决策单元	高科技行业名称
DMU_1	化学药品制造业
DMU_2	中成药制造业
DMU_3	生物、生化制品的制造业
DMU_4	飞机制造及修理业
DMU_5	航天器制造业
DMU_6	通信设备制造业
DMU_7	雷达及配套设备制造业
DMU_8	广播电视设备业
DMU_9	电子器件制造业
DMU_{10}	电子元件制造业
DMU_{11}	家用视听设备制造业
DMU_{12}	电子计算机整机制造业
DMU_{13}	电子计算机外部设备制造业
DMU_{14}	办公设备制造业
DMU_{15}	医疗设备及器械制造业
DMU_{16}	仪器仪表制造业

本文所需要的数据主要来源为中国统计年鉴(2010 年)、中国科技统计年鉴(2010 年)、中国科技部网站(www. most. gov. cn)和中国统计局网站(www. stats. gov. cn)。对原始数据进行了收集处理。

2. 数据计算与分析

本文运用 DEAP 软件分别计算决策单元的总效率值、规模效益等值。

(1)总效率分析。运用 DEAP 软件计算总效率值如表 8-9 所示。

表 8-9　中国高科技行业 2006 年 DEA 效率分析结果

决策单元	总效率	效率	决策单元	总效率	效率
DMU_1	1.000	有效	DMU_9	0.617	无效
DMU_2	0.971	无效	DMU_{10}	1.000	有效
DMU_3	1.000	有效	DMU_{11}	1.000	有效
DMU_4	1.000	有效	DMU_{12}	1.000	有效
DMU_5	1.000	有效	DMU_{13}	1.000	有效
DMU_6	1.000	有效	DMU_{14}	1.000	有效
DMU_7	1.000	有效	DMU_{15}	1.000	有效
DMU_8	0.511	无效	DMU_{16}	0.983	无效

通过表 8-9 得知，在 16 个高科技行业中，中成药制造业(DMU_2)、广播电视设备制造业(DMU_8)、电子器件制造业(DMU_9)和仪器仪表制造业(DMU_{16})四个行业相对没有达到规模有效，说明这几个行业的创新投入成效水平还不够高，特别是广播电视设备制造业(DMU_8)和电子器件制造业(DMU_9)两个行业还有相当大的提升空间，相对规模无效的行业占总行业比例为 25%。其他 12 个行业都达到相对规模有效。

(2)规模效益分析。根据不同决策单元，可以确定该决策单元的规模效益。各个决策单元(行业)的规模效益分析如表 8-10 所示。

由表 8-10 可知，有 12 个行业的规模效益不变，意味着在这些行业中，目前创新投入的产出已经达到最大化；有两个行业(DMU_8，DMU_9)的规模效益递增，对于这两个行业，可以适度加大投入，同时加强资源管理，可以使创新成效继续提高；剩余两个行业(DMU_2，DMU_{16})规模递减，在这两个行业中，加大投入不能使创新成效得到相应增加，而应该加强管理，提高各种资源的利用效率，才能使创新成效增加。

表 8-10　规模效益分析表

决策单元	k	规模效益	决策单元	k	规模效益
DMU_1	1	不变	DMU_9	0.9	递增
DMU_2	1.12	递减	DMU_{10}	1	不变
DMU_3	1	不变	DMU_{11}	1	不变
DMU_4	1	不变	DMU_{12}	1	不变
DMU_5	1	不变	DMU_{13}	1	不变
DMU_6	1	不变	DMU_{14}	1	不变
DMU_7	1	不变	DMU_{15}	1	不变
DMU_8	0.89	递增	DMU_{16}	1.12	递减

(3)差额变量分析。在前面总效率分析和规模效益的分析基础之上，对未同时达到规模有效和技术有效的四个企业进行差额变量分析。首先对这四个行业进行松弛变量分析。

表 8-11 表明，四个行业在投入上都存在冗余，中成药制造业(DMU_2)和电子器件制造

业(DMU_9)两个行业在创新过程中对科学家与工程师方面的高级人才利用还不够充分。DMU_9和DMU_{16}两个行业资金上投入过度，使资金利用水平不够高，导致总效率值较低。

表 8-11　松弛变量分析

决策单元	$S^-(X_1)$	$S^-(X_2)$	$S^-(X_3)$	$S^+(Y_1)$	$S^+(Y_2)$	$S^+(Y_3)$	$S^+(Y_4)$
DMU_2	0.000	0.000	0.287	0.022	0.000	0.000	0.000
DMU_8	0.028	0.000	0.000	0.000	0.000	217.08	15.978
DMU_9	0.000	0.000	0.062	0.000	0.000	0.000	0.000
DMU_{16}	0.054	0.000	0.000	0.000	0.000	0.000	0.000

在产出方面，中成药制造业(DMU_2)在新产品销售份额(Y_1)上还有提高的空间；广播电视设备业(DMU_8)的创新成效在专利申请(Y_3)和新产品数(Y_4)上具有提高的空间。

然后，再利用"投影"理论分别对这四个行业做进一步差额变量分析。

① 中成药制造业(DMU_2)的投入产出变量分析，如表 8-12 所示。

表 8-12　DMU_2的投入产出变量分析

指　标	原　值	投 影 值	差　额	调整幅度(%)
X_1	4.40	4.274	-0.126	-2.86
X_2	72.55	70.465	-2.085	-2.87
X_3	2.19	1.84	-0.063	-2.88
Y_1	10.78	10.802	0.022	0.20
Y_2	9.00	9.00	0.00	0.00
Y_3	1133	1133	0.00	0.00
Y_4	1583	1583	0.00	0.00

表 8-12 表明，中成药制造业(DMU_2)在各项投入上均存在投入冗余，分别为：0.126、2.058、0.063，表明DMU_2在 2006 年中的各项投入都相对其产出存在过量的现象，导致其规模效益递减。但在新产品销售份额(Y_1)上还存在产出不足，导致该行业创新活动整体效率相对较低。

② DMU_8投入产出变量分析，如表 8-13 所示。

表 8-13 表明，广播电视设备业(DMU_8)对创新的投入相对其成效存在严重过量的现象，各个投入指标的冗余分别占到 48.93%、48.92%、48.91%。而产出的四个指标在专利申请上(Y_3)上相对于投入存在严重的不足，相对少了 102.4%。广播电视设备业在各项投入上都相当大，而专利申请却相对较少，导致其创新活动整体效率低下。

表 8-13　DMU_8的投入产出变量分析

指　标	原　值	投 影 值	差　额	调整幅度(%)
X_1	4.66	2.352	-2.28	-48.93
X_2	63.09	32.225	-30.865	-48.92
X_3	2.29	1.17	-1.12	-48.91
Y_1	8.94	8.94	0.000	00.00
Y_2	4.09	4.09	0.000	00.00
Y_3	212	429.08	217.08	102.40
Y_4	442	457.978	15.978	3.61

③ DMU_9投入产出变量分析，如表 8-14 所示。

表 8-14　DMU_9的投入产出变量分析

指　标	原　值	投 影 值	差　额	调整幅度(%)
X_1	5.32	5.28	-0.04	-0.75
X_2	63	58.843	-4.16	-6.60
X_3	2.11	2.11	0.00	0.00
Y_1	12.68	12.68	0.00	0.00
Y_2	3.09	5.05	1.96	63.43
Y_3	1531	1531	0.00	0.00
Y_4	2439	2631	192.00	7.87

由表 8-14 可知，电子器件制造业(DMU_9)人力投入上存在一定的冗余，分别为 0.04、6.6，但其在利润上却严重的产出不足，占到原值的 63.43%。与此同时，新产品也有产出不足的现象，占原值的 7.87%。

④ DMU_{16}投入产出变量分析，如表 8-15 所示。

由表 8-15 可知，仪器仪表制造业(DMU_{16})在对创新投入的各个方面都存在一定程度的冗余，冗余度分别为 2.79%、1.67%、1.67%。这说明仪器仪表制造业在 2006 年存在投入相对过剩现象，导致创新活动的整体效率降低。

表 8-15　DMU_{16}的投入产出变量分析

指　标	原　值	投 影 值	差　额	调整幅度(%)
X_1	4.77	4.637	-0.13	-2.79
X_2	69.34	68.185	-1.16	-1.67
X_3	1.56	1.534	-0.03	-1.67
Y_1	10.5	10.5	0.00	0.00
Y_2	8.02	8.02	0.00	0.00
Y_3	976	976	0.00	0.00
Y_4	2153	2153	0.00	0.00

表 8-16　灵敏度分析比较表

决 策 单 元	原　值	去掉输入指标			去掉输出指标			
		X_1	X_2	X_3	Y_1	Y_2	Y_3	Y_4
DMU_1	1.000	1.000	0.636	1.000	1.000	0.541	0.901	0.920
DMU_2	0.971	0.971	0.849	0.950	0.971	0.403	0.912	0.912
DMU_3	1.000	1.000	0.980	1.000	1.000	0.158	1.000	1.000
DMU_4	1.000	1.000	0.256	1.000	0.755	0.862	1.000	1.000
DMU_5	1.000	1.000	0.162	1.000	1.000	0.209	1.000	1.000
DMU_6	1.000	1.000	1.000	1.000	1.000	1.000	1.000	1.000
DMU_7	1.000	1.000	0.339	0.470	0.673	0.742	1.000	1.000
DMU_8	0.511	0.510	0.356	0.514	0.462	0.211	0.565	0.511
DMU_9	0.617	0.617	0.489	0.608	0.597	0.481	0.521	0.512
DMU_{10}	1.000	1.000	1.000	1.000	1.000	1.000	0.670	0.670
DMU_{11}	1.000	1.000	1.000	1.000	0.956	1.000	1.000	1.000
DMU_{12}	1.000	0.609	1.000	1.000	0.483	1.000	1.000	1.000
DMU_{13}	1.000	1.000	1.000	0.994	1.000	1.000	1.000	1.000
DMU_{14}	1.000	1.000	1.000	1.000	1.000	1.000	1.000	1.000
DMU_{15}	1.000	1.000	1.000	1.000	1.000	0.289	1.000	1.000
DMU_{16}	0.983	0.943	0.899	0.983	0.962	0.482	0.850	0.890

(4)灵敏度分析。当决策单元的变动、不同投入与产出项的选择以及其数值的变动皆有可能影响 DEA 的效率值，为了使衡量更具备说服力，必须进行敏感性分析。这时通过分别去掉 DEA 中的每一个输入和输出指标来判断各项指标对于高科技行业创新成效的敏感程度。通过比较去除各项指标后，重新计算总效率值，我们就可以清楚地看到各项指标对总效率值的影响程度，这样有助于我们有的放矢地采取相应的提高措施。表 8-16 为分别去掉各项指标后得出的总效率结果。平不够高，导致总效率值较低。

通过敏感性分析，我们可以针对不同的实际情况，将有限的资源投入最有效率的地方。从表 8-16 可以看出以下几个结果。

① 电子计算机整机制造业(DMU_{12})对于财力投入强度(X_1)最为敏感，如果去掉这一项，效率值从 1.000 降为 0.609。其次是仪器仪表制造业(DMU_{16})和广播电视设备业(DMU_8)，效率值分别从 0.983、0.511 降到 0.943、0.510。所以，对于以上三个行业，特别是电子计算机整机制造业，欲保证创新活动具有较高的成效水平，必须使创新活动有足够的资金支持。

② 多数行业对 R&D 人力投入(X_2)反映较为强烈，反映强度从大到小依次排列如表 8-17所示。

由表 8-17 可知，航空航天类行业(DMU_5，DMU_4)和医药制造业(DMU_1，DMU_2，DMU_3)都对人力投入变化有不同程度的反应，其中，航天航空类行业的反应最为突出，表明科研人员在此类行业中的创新活动中具有很强的作用。从总体上看，我国高科技行业中，在创新成效上对人力投入具有敏感性的比例高达 56.3%，说明科技人员对我国高科技行业整体具有较大的影响。

③对科学家和工程师比例(X_3)有较强敏感性的是雷达及配套设备制造业(DMU_7)，说明在此类行业中，科研人员的整体水平对创新成效有非常大的作用。而值得注意的是广播电视设备业(DMU_8)对科学家和工程师比例呈反向性反应，即去掉这一项，该行业的效率值反而变高，说明在广播电视设备业存在对科学家和工程师过度依赖的情况。

表 8-17　研发人力投入敏感性分析

高科技行业	效率原值	变化后值	变化幅度
DMU_5	1.000	0.162	83.8%
DMU_4	1.000	0.256	74.4%
DMU_7	1.000	0.339	66.1%
DMU_1	1.000	0.636	36.4%
DMU_8	0.511	0.356	30.3%
DMU_9	0.617	0.489	20.7%
DMU_2	0.971	0.849	12.6%
DMU_{16}	0.983	0.899	8.5%
DMU_3	1.000	0.980	2%

3. 相关结果和结论

通过以上分析，可以看出中国高科技行业的创新投入成效在整体上具有较好的水平，但个别行业的创新投入成效相对较差，因此我们在最后提出以下几点建议。

(1)推动建立有利于创新的市场环境。

① 要完善知识产权保护制度，提高知识产权管理水平，以及建立、健全知识产权评估和交易体系。对企业技术创新的成果进行必要的保护，并使其能通过一定的知识产权转移获得应有的报酬，这样有助于提高企业创新的积极性。

② 要发展创新型企业服务体系，如建立技术服务、咨询服务、信息服务网络。为企业的创新活动提供必要的外部支持，同时降低其技术创新过程中的成本。

③ 要完善有利于自主创新的投融资体制。首先，国家对科技创新的投入要侧重于战略性的高科技产业化项目、高科技企业创业期的引导资金，以及利用高科技促进传统产业技术升级和产品更新换代的补助资金等；其次，建立多渠道的高技术产业投融资体制，出台有助于推动创业投资基金的相关法律法规。即将开启的创业板块市场，能为高科技创业投资提供多种退出渠道。

④ 建立有吸引力的人才引进制度。我国虽是劳务大国，但对高科技领域的某些人才却比较缺乏。从上面的灵敏度分析中可以看到，科技人才对于大多数行业的科技创新成效具有相当大的影响。

(2)发挥财税政策的推动作用。

总体上，我国政府在税收政策上应逐步由生产领域前移到研究开发领域，由对产品生产的优惠政策转为对研究开发的优惠政策。由于我国高科技产业的整体实力尚不能与跨国公司相比，加上高科技行业的开发风险很大，因此，在高技术产业的基础研究领域、共性技术研究领域以及产业基础设施领域仍然需要政府投入。

财政投入应当主要用于高技术产业基础研究和基础设施的建设，产业共用新技术的开发，具有我国特色并且可以在某种程度上有利于我国高科技产业、企业发展的技术标准体系的形成，战略性产业(尤其是与国家安全有关的产业)中的重大项目、高科技科研成果的推广与普及等。为打破跨国公司的垄断，政府对某些高技术领域的关键性产品与技术也可以直接予以支持。

参考文献

[1] 孙东川, 朱桂龙. 系统工程基本教程[M]. 北京: 科学出版社, 2009.

[2] 谭跃进. 系统工程原理[M]. 北京: 科学出版社, 2010.

[3] 陈宏民. 系统工程导论[M]. 北京: 高等教育出版社, 2006.

[4] 周德群. 系统工程概论[M]. 北京: 科学出版社, 2010.

[5] 孙立梅, 张逸昕, 庄严. 中小型高科技企业成长的创新系统环境分析[J]. 科技进步与对策, 2010, 27(18): 70-73.

[6] 吴广谋, 盛昭瀚. 系统与系统方法[M]. 南京: 东南大学出版社, 2000.

[7] 刘惠生, 李常英, 周文杰等. 管理系统工程教程[M]. 北京: 企业管理出版社, 1999.

[8] 汪应洛. 系统工程理论、方法与应用[M]. 北京: 高等教育出版社, 1998.

[9]《运筹学》教材编写组. 运筹学[M]. 北京: 清华大学出版社, 1990.

[10] 汪应洛. 系统工程[M]. 北京: 机械工业出版社, 1995.

[11] 王佩玲. 系统动力学-社会系统的计算机仿真方法[M]. 北京: 冶金工业出版社, 1994.

[12] 俞金康. 系统动态学原理及其应用[M]. 北京: 国防工业出版社, 1993.

[13] 胡玉奎. 系统动力学-战略与策略实验室[M]. 杭州: 浙江人民出版社, 1988.

[14] 王其藩. 系统动力学(修订版)[M]. 北京: 清华大学出版社, 1994.

[15] 王其藩. 高级系统动力学[M]. 北京: 清华大学出版社, 1995.

[16] R. Michael, 古德曼著. 王洪斌, 张军, 王建华译. 系统动态学学习指南[M]. 北京: 能源出版社, 1989.

[17] Ventana System Inc. Vensim User's Guide.

[18] Peter Senge 著, 郭进隆译. 杨硕英审. 第五项修炼[M]. 上海: 上海三联书店, 1998.

[19] Peter Senge 著, 张兴等译. 第五项修炼实践篇: 创建学习型组织的战略和方法[M]. 北京: 中信出版社, 2011.

[20] J. W. Forrester 著, 胡汝鼎, 杨通谊译. 工业动力学[M]. 北京: 科学出版社, 1985.

[21] J. D. Sterman. Business dynamics: systems thinking and modeling for a complex world [M]. New York: McGraw-Hill, 2000.

[22] J. D. Sterman. *Modeling managerial behavior: misperceptions of feedback in a dynamic decision making experiment* [J]. *Management Science*, 1989, 35(3): 321-339.

[23] J. D. Sterman 著, 朱岩译. 商务动态分析方法: 对复杂世界的系统思考与建模[M]. 北京: 清华大学出版社, 2008.

[24] D. Meadows 著, 李涛译. 增长的极限[M]. 北京: 机械工业出版社, 2006.

[25] 察志敏, 杜希双, 关晓静. 我国工业企业技术创新能力评价方法及实证研究[J]. 统计研究, 2004(3): 12-16.

[26] 张玉韬, 吴凤平. 我国中小企业技术创新模式的选择——AHP分析[J]. 价值工程, 2006(8): 44-46.

[27] 王立新, 李勇, 任荣明. 基于灰色多层次方法的企业技术创新风险评估研究[J]. 系统工程理论与实践, 2006(7): 98-104.

[28] 朱斌，郑祥洪. 福建省工业企业技术创新能力研究[J]. 科学学研究，2002(5)：544-549.

[29] 孙冰，齐中英. 主成分投影法在企业技术创新动力评价中的应用[J]. 系统工程理论方法应用，2006(3)：285-288.

[30] 朱祖平，朱彬. 基于 BP 神经网络的企业技术创新效果的模糊综合评价[J]. 系统工程理论与实践，2003(9)：16-21.

[31] 夏维力，吕晓强. 基于 BP 神经网络的企业技术创新能力评价及应用研究. 研究与发展管理，2005(1)：50-54，72.

[32] 易晓文. 基于 BP 神经网络的民营企业技术创新能力的模糊综合评价[J]. 数量经济技术经济研究，2003(8)：105-108.

[33] 毕克新，孙金花，张铁柱等. 基于模糊积分的区域中小企业技术创新测度与评价[J]. 系统工程理论与实践，2005(2)：40-46，61.

[34] 王建军，杨德礼. 供应商选择的 AHP/PROMETHEE 决策方法[J]. 管理评论，2006(7)：57-61.

[35] M. F. Norese. ELECTRE III as a support for participatory decision-making on the localisation of waste-treatment plants[J]. *Land Use Policy*, 2006. 23(1): 76-85.

[36] V. Mousseau, L. Dias. Valued outranking relations in ELECTRE providing manageable disaggregation procedures[J]. *European Journal of Operational Research*, 2004. 156(2): 467-482.

[37] L. Dimova, P. Sevastianov, and D. Sevastianov. MCDM in a fuzzy setting: Investment projects assessment application[J]. *International Journal of Production Economics*, 2006. 100(1): 10-29.

[38] 李茹，张丽芳，褚诚缘. 科技项目模糊综合评价方法研究[J]. 系统工程理论与实践，2006. 9：66-76.

[39] 徐泽水. 三角模糊数互补判断矩阵排序方法研究[J]. 系统工程学报，2004(1)：85-88.

[40] C. M. Zhang, B. Cun, J. D. Xu. A new fuzzy MCDM method based on trapezoidal fuzzy AHP and merarchical fuzzy integral[J]. In Fuzzy Systems and Knowledge Discovery: Second International Conference. Xi′an China: SPRINGER-VERLAG BERLIN, HEIDELBERGER PLATZ 3, D-14197 BERLIN, GERMANY, 2005.

[41] J. Liu, X. Yang, R. Da. A lattice-valued linguistic-based decision making method[J]. Beijing, China: IEEE, 2005.

[42] D. Ben-Arieh. Sensitivity of multi-criteria decision making to linguistic quantifiers and aggregation means [J]. *Computers &Industrial Engineering*, 2005. 48(2): 289-309.

[43] Z. S. Xu. A method based on IA operator for multiple attribute group decision making with uncertain linguistic information[J]. Changsha, China: Springer-Verlag, 2005.

[44] K. H. Chen, C. C. Chan, Y. M. Shiu. Performance measurement using linguistic terms in group decision-making[J]. *International Journal of Management and Decision Making*, 2006. 7(4): 438-53.

[45] X. Wang, E. Triantaphyllou. Ranking irregularities when evaluating alternatives by using some ELECTRE methods[J]. Omega. In Press, Corrected Proof.

华信经管系列教材

1．华信经管引进精品

序号	国际书号	书　名	定价	作　者	出版日期
1	7-121-24030-0	管理学基础（第7版）	55	Stephen P. Robbins	2015-01
2	7-121-24029-4	管理学：全球竞争中的领导与合作（英文注释版・第10版）	69	Thomas S. Bateman	2014-11
3	7-121-25296-9	组织：行为、结构和过程（第14版）	69	James L Gibson	2015-01
4	7-121-16511-5	创业管理：创立并运营小企业（第2版）	55	Steve Mariotti	2012-04
5	7-121-18627-1	供应链管理：流程、伙伴和业绩（第3版）	49	Douglas Lambert	2012-11
6	7-121-19017-9	国际商务（第3版）	49	Stuart Wall	2013-01
7	7-121-17143-7	国际商务（英文版・第3版）	59	Stuart Wall	2012-06
8	7-121-19595-2	运营管理精要（英文版）	49	Nigel Slack	2013-03
9	7-121-19014-8	战略管理基础（第2版）	39.8	Gerry Johnson	2013-01
10	7-121-20500-2	财务会计和报告（英文注释版・第15版）	69	Barry Elliott	2013-06
11	7-121-23532-0	财务报表分析与解读——一种基于项目的方法（第6版）	49	Karen P. Schoenebeck	2014-07
12	7-121-20956-7	发展经济学（英文注释版・第11版）	69	Michael P.Todaro	2013-07
13	7-121-21719-7	工程经济学（英文注释版.第15版）	65	William G.Sullivan	2013-11
14	7-121-21471-4	金融学案例（双语版・第2版）	49.8	Jim DeMello	2014-01
15	7-121-21416-5	市场营销学：真实的人，真实的选择（第7版）	69	Michael R.Solomon	2013-10

2．华信经管创优系列

序号	国际书号	书　名	定价	作　者	出版日期
1	7-121-15293-1	财务报告解读与分析	45	张新民	2011-12
2	7-121-17036-2	中国税制（第2版）	35	刘　颖	2012-06
3	7-121-22609-0	中级财务会计（第3版）	48	谢明香	2014-03
4	7-121-22976-3	中级财务会计（第3版）习题与解答	35	谢明香	2014-04
5	7-121-25684-4	财务会计学（第2版）	42	高锦萍	2015-03
6	7-121-25453-6	财务管理信息化（第2版）	39.9	王海林	2015-02
7	7-121-25720-9	会计信息系统——理论、技术与实践	39	杨莹	2015-03
8	7-121-24225-0	Excel 财务管理建模与应用	39	王海林	2014-09
9	7-121-23720-1	MBA 财务管理	45	鲁爱民	2014-07
10	7-121-24746-0	财务分析	42	陈星玉	2015-01
11	7-121-19323-1	创业管理（第2版）	45	梁巧转	2013-03
12	7-121-23681-5	质量管理工程概论	38	李明荣	2014-07
13	7-121-23205-3	质量可靠性理论与技术	35	王海燕	2014-05
14	7-121-24694-4	质量工程试验设计	39	王海燕	2015-01

序号	国际书号	书　名	定价	作　者	出版日期
15	7-121-25019-4	质量分析与质量控制	35	王海燕	2015-01
16	7-121-24022-5	服务质量管理	32	王海燕	2014-10
17	7-121-25018-7	质量统计学	35	王海燕	2015-03
18	7-121-24925-9	工程经济学概论(第3版)	35	邵颖红	2015-01
19	7-121-24923-5	管理运筹学	39	江文奇	2014-12
20	7-121-24302-8	生产物流系统建模与仿真	39	王建华	2014-09
21	7-121-15877-3	管理控制：化战略为行动	55	罗　彪	2012-04
22	7-121-17177-2	管理信息系统：理论与应用	39	刘腾红	2012-06
23	7-121-21237-6	管理信息系统	35	王北星	2013-09
24	7-121-23860-4	管理信息系统	39	王　宇	2014-07
25	7-121-25057-6	ERP 系统原理与应用	35	刘秋生	2015-01
26	7-121-21831-6	管理统计学(第2版)——基于 SPSS 软件应用	43	王雪华	2014-01
27	7-121-20619-1	电子商务概论(第3版)	39	张宽海	2013-06
28	7-121-18990-6	网络金融	39	秦成德	2012-12
29	7-121-21009-9	网络金融营销学	35	赵海军	2013-08
30	7-121-21938-2	商务谈判学	35	袁其刚	2014-01
31	7-121-21993-1	商务谈判——理论与实务(第2版)	39.8	陈丽清	2014-02
32	7-121-16918-2	国际结算学新编	39	徐立平	2012-05
33	7-121-24807-8	进出口贸易实务案例及问题解答	48	李秀芳	2015-01
34	7-121-13610-8	现代物流学	38	王　转	2012-06
35	7-121-20292-6	物流案例分析与实践(第2版)	39	张庆英	2013-05
36	7-121-21209-3	服务营销学(第2版)	35	韦福祥	2013-09
37	7-121-21700-5	导游业务	25	梁　智	2014-01

3. 华信经管创新系列

序号	国际书号	书　名	定价	作　者	出版日期
1	7-121-17749-1	管理学	39	徐　君	2012-08
2	7-121-23502-3	管理学原理	36	左仁淑	2014-08
3	7-121-22316-7	人力资源管理	49.8	付维宁	2014-04
4	7-121-23702-7	人力资源管理	38	何　颖	2014-08
5	7-121-23504-7	人力资源管理	35	王亚利	2014-09
6	7-121-24155-0	生产与运作管理(第2版)	42.5	高光锐	2014-08
7	7-121-21487-5	商务谈判(双语版)	39	罗立彬	2013-11
8	7-121-20999-4	企业资源计划(ERP)及其应用(第4版)	44	李　健	2013-07
9	7-121-20802-7	企业 ERP 沙盘模拟经营实训教程	29	刘贻玲	2013-08
10	7-121-21008-2	网上支付与结算(第2版)	39	张宽海	2013-08
11	7-121-21532-2	新编市场营销学(第2版)	45	倪自银	2013-09
12	7-121-18991-3	市场营销学(第2版)	39.8	徐文蔚	2012-12
13	7-121-19424-5	消费心理学(第2版)	39	王官诚	2013-01
14	7-121-25445-1	宏观经济学	35	刘新建	2015-03
15	7-121-20205-6	旅游经济学	38	张满林	2013-05
16	7-121-23503-0	管理经济学	35	周颖等	2014-09
17	7-121-21005-1	国际贸易理论与政策	38	康晓玲	2013-07

序号	国际书号	书　　名	定价	作　者	出版日期
18	7-121-21302-1	产业经济学	32	王双进	2013-09
19	7-121-25678-3	基础会计学(第2版·修订版)	35	李视友	2015-03
20	7-121-21940-5	基础会计学模拟实训教程	23	李视友	2014-01
21	7-121-24007-2	中级财务会计学	39	李玉萍	2014-09
22	7-121-23473-6	会计信息系统实验教程	39.8	董黎明	2014-06
23	7-121-24309-7	财经法律与会计职业道德	35	罗晋京	2014-09
24	7-121-24637-1	统计学	29	王凌峰	2014-11
25	7-121-25679-0	管理统计学(修订版)	38	刘素荣	2015-03

4. 统计教材系列

序号	国际书号	书　　名	定价	作　者	出版日期
1	7-121-16132-2	SPSS 19(中文版)统计分析实用教程	38	邓维斌 等	2012-03
2	7-121-24924-2	SPSS 统计分析(第5版)	69	卢纹岱	2015-04
3	7-121-18949-4	SPSS 统计分析方法及应用(第3版)	49	薛　薇	2013-01
4	7-121-13540-8	SPSS 统计分析简明教程(第10版)	49.8	Darren George;Paul Mallery	2011-05
5	7-121-22203-0	SPSS Modeler 数据挖掘方法及应用(第2版)	39	薛　薇	2014-01
6	7-121-12760-1	应用统计与 SPSS 应用(含 CD 光盘1张)	69	朱红兵	2010-10
7	7-121-21010-5	市场营销研究与应用——基于 SPSS	35	陈文沛	2013-09
8	7-121-22989-3	SAS 语言基础与高级编程技术	59	胡良平	2014-05
9	7-121-22793-6	SAS 统计分析应用(第2版)	55	董大钧	2014-05
10	7-121-10976-8	SAS 统计分析教程(含光盘)	68	胡良平	2010-06
11	7-121-20995-6	非线性回归分析与 SAS 智能化实现	39	胡良平	2013-07
12	7-121-17750-7	MATLAB & Excel 定量预测与决策——运作案例精编	65	张建林	2012-08
13	7-121-19514-3	MATLAB 定量决策五大类问题——50 个运作管理经典案例分析	48	张建林	2013-01
14	7-121-22211-5	商务数据挖掘与应用案例分析	42	蒋盛益	2014-01
15	7-121-11944-6	PASW/SPSSStatistics 中文版统计分析教程(第3版)(含 CD 光盘1张)	68	李志辉	2010-10
16	7-121-24460-5	社会调查方法与实践	59	杜智敏	2014-10
17	7-121-25016-3	SPSS 在社会调查中的应用	59	杜智敏	2015-01
18	7-121-14219-2	社会科学统计方法(第4版)	79.8	Alan Agresti 等	2011-09
19	7-121-23194-0	基础医学统计设计与数据分析	45	胡良平	2014-06
20	7-121-23004-2	医学综合统计设计与数据分析	45	胡良平	2014-05